ADB 和 KfW 联合融资广西现代职业教育发展示范项目
校企合作课程开发教材

电梯维修与保养

主　编　陆锡都

副主编　吴俊华　越小炯　陈　就

　　　　阮韬宇　廖　莎　盘青云

参　编　余向阳　卢　慧　潘　宇

　　　　黄小青　魏红梅　张智勇

　　　　黎科铭　韦盛毅

合肥工业大学出版社

图书在版编目(CIP)数据

电梯维修与保养/陆锡都主编 . —合肥:合肥工业大学出版社,2024.3
ISBN 978 - 7 - 5650 - 6400 - 5

Ⅰ.①电… Ⅱ.①陆… Ⅲ.①电梯—维修—中等专业学校—教材②电梯—保养—中等专业学校—教材 Ⅳ.①TU857

中国国家版本馆 CIP 数据核字(2023)第 176848 号

电梯维修与保养

主编　陆锡都　　　　　　　　　　责任编辑　毕光跃　郭　敬

出　版	合肥工业大学出版社		版　次	2024 年 3 月第 1 版	
地　址	合肥市屯溪路 193 号		印　次	2024 年 3 月第 1 次印刷	
邮　编	230009		开　本	787 毫米×1092 毫米　1/16	
电　话	理工图书出版中心:0551 - 62903204		印　张	9.75　　彩　插　1 印张	
	营销与储运管理中心:0551 - 62903198		字　数	255 千字	
网　址	press.hfut.edu.cn		印　刷	安徽联众印刷有限公司	
E-mail	hfutpress@163.com		发　行	全国新华书店	

ISBN 978 - 7 - 5650 - 6400 - 5　　　　　　　　　　　定价:38.00 元

前　言

《国家职业教育改革实施方案》提出实施职业教育"三教"改革攻坚行动。其中，教师是根本，教材是基础，教法是途径。它们是一个闭环系统，提出了"谁来教、教什么、如何教"的教育根本问题，以培养适应行业需求的复合型、创新型的高素质技术技能人才。

本教材依托广西现代职业教育校企合作专业建设和课程开发试点项目、广西职业教育电气设备运行与控制专业群发展研究基地、广西现代学徒制试点专业三个项目。经过分析当前电梯技术教材现状，结合全国职业院校技能大赛电梯保养与维修赛项技术要求，参考电梯新规范、新技术、新标准，我们编写了本教材。

本教材内容模块化，对接《电梯制造与安装安全规范　第1部分：乘客电梯和载货电梯》（GB/T 7588.1—2020）、《电梯维护保养规则》（TSG T5002—2017）等国家电梯技术规范。本教材力求加强与电梯维修保养岗位工作的联系，突出应用性与实践性，满足新技术、新规范、新标准的要求，促进学习内容与方式的变化。根据电梯运行规律，本教材提炼电梯维修保养岗位典型任务，实施不同层次的能力培养和模块教学，在各模块中体现实境育人、任务驱动、循序渐进的知识体系。

我们还对八个电梯企业进行了充分的市场调研，分析了电梯产业链及其岗位群，形成了典型工作任务，并把典型工作任务转化为课程学习任务，再通过另外八个电梯企业验证调研分析成果、课程内容，由此形成项目引领、任务驱动式教材。经过实践教学，我们再次验证了教材内容的科学性、适用性，并融入广西现代职业教育校企合作专业建设和课程开发试点项目能力本位教学方法，以促进校企深度融合课程建设。

经过全国职业院校技能大赛电梯保养与维修赛项多年的发展，实训设备遍布全国各地。因此，全国各地对与技能大赛实训设备配套的教材有较大需求。本教材适用于全国职业院校电梯安装与维修保养专业、机电技术应用专业及机电设备类、自动化类等专业的学生。本教

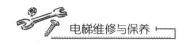

材以电梯安装、维修、保养实训考核装置为实际操作学习平台，适应不同能力层次、职业资格等级的人群。同时，本教材也适合电梯技术培训机构和电梯企业员工使用，市场应用范围广泛。

由于编者水平有限，书中不妥之处在所难免，恳请读者提出宝贵意见，以便再版时修订。

编　者

2023 年 12 月

目　　录

项目一 电梯曳引系统的维修

电梯曳引系统主要由曳引机、曳引钢丝绳、导向轮和反绳轮等部件组成。电梯曳引系统的主要作用是输出与传递动力，驱动电梯轿厢运行。学习本项目需要完成表1-1所列的三个任务。

表1-1 项目任务

任务	任务名称	维修背景
一	更换曳引机	按照《电梯制造与安装安全规范 第1部分：乘客电梯和载货电梯》（GB 7588.1—2020），电梯的使用时限为15年。在没有备用电梯的情况下，使用时限到15年时就要更换新的曳引机
二	更换曳引钢丝绳	当出现下列三种情况时需要更换曳引钢丝绳： 1. 曳引钢丝绳出现断股； 2. 曳引钢丝绳严重磨损或锈蚀，造成实际直径为公称直径的90%及以下时； 3. 曳引钢丝绳的可见断丝数超过标准规定的数值
三	更换导向轮与反绳轮	反绳轮出现轴承爆裂或外圈磨损严重时需要对其进行更换

任务一 更换曳引机

电梯的动力源有蜗轮蜗杆异步曳引机、永磁同步曳引机、液压主机等形式，本任务以蜗轮蜗杆异步曳引机动力源为例。

蜗轮蜗杆异步曳引机由电动机、制动器、曳引轮等组成，在电力控制系统的控制下，曳引机运行拖动曳引钢丝绳，曳引钢丝绳拉动电梯轿厢、对重上下运行，实现电梯轿厢的启动、运行、制动和停止。曳引机必须安装在承重梁上。曳引机系统完整安装实物如图1-1所示。

【案例】

乘客进入大唐小区15号电梯，按下电梯的内呼按钮后，电梯突然往下掉，乘客被困在电梯里；物业人员现场查看，发现电梯机房的曳引电动机冒出大量的浓烟，并散发出刺鼻的焦味。

▶ **活动一：拆除曳引机**

步骤1：把轿厢上移至最顶层，手动触发限速器动作，联动安全钳动作，使得安全钳把轿厢牢牢卡在轿厢导轨上。同时将对重下移至最低端，用厚实木柱子牢固顶起对重。

图 1-1　曳引机系统完整安装实物

步骤 2：用手动葫芦把轿厢吊起，直到曳引钢丝绳脱离曳引轮。

步骤 3：拧出固定曳引机的螺栓套件，卸下曳引机。

▶ 活动二：安装曳引机

步骤 1：确定曳引机位置。

2∶1 曳引机的位置确定示意图如图 1-2 所示。

1. 在曳引机上方拉两根水平线，并根据此水平线放置水平木，在第一根水平线上悬挂下放两根铅垂线 3、4，使之分别对准井道上样板架标出的轿厢中心点与轿厢反绳轮靠近对重一侧的节圆直径中心位置处。

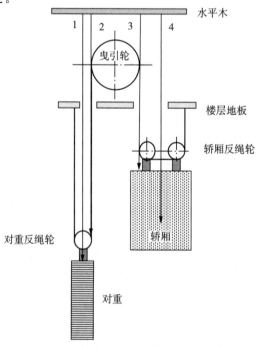

图 1-2　2∶1 曳引机的位置确定示意图

2. 在另一根水平线上悬挂下放两根铅垂线 1、2，使之分别对准井道上样板架标出的对重轮中心与对重轮节圆直径中心位置处。

3. 根据相距距离为曳引轮节圆直径的两根铅垂线 2、3，调整曳引机的安装位置。

步骤 2：固定曳引机。

以弹性固定方式为例，步骤如下。

1. 曳引机先安装在机架上，机架一般用槽钢焊成，在机架与承重梁或楼板之间设减振橡胶垫。

2. 在承重梁与曳引机底盘之间构建机组基础，机组基础由上、下两块基础板组成。基础板与曳引机底盘尺寸相等，为厚度为 16 mm 的钢板。在两块基础板中间设减振橡胶垫。将下基础板与承重梁焊牢，上基础板与曳引机底盘用螺栓连接。

弹性固定方式能有效地减少曳引机的振动及其传播，同时由于弹性支撑的存在，曳引机工作时能自动调整中心位置，减少构件的弹性变形，有利于保持曳引机工作时的平稳性。图 1-3 是曳引机橡胶垫轮减振布置示意图。

图 1-3　曳引机橡胶垫轮减振布置示意图

步骤 3：调整曳引机位置。

曳引机底座与基础间的间隙调整方式以垫片调整为妥。经调整校正后，应符合以下要求。

1. 不设减振装置的曳引机底座水平度不大于 1/1000。

2. 曳引轮在前后（向着对重）和左右（曳引轮宽度）方向的偏差（图 1-4）应不超过表 1-2 的规定。

表 1-2　曳引轮在前后、左右方向的偏差　　　　　单位：mm

类别	高速电梯	快速电梯	低速电梯
前后方向	±2	±3	±4
左右方向	±1	±2	±2

3. 曳引轮的轴线水平度安装要求：从曳引轮最上边缘往下放一根铅垂线，其与最下边缘之间的间隙应小于等于 0.5 mm。

4. 曳引轮在水平面内的扭转（扭差），在 A 和 B 之间的差值不应超过 0.5 mm（图 1-5）。

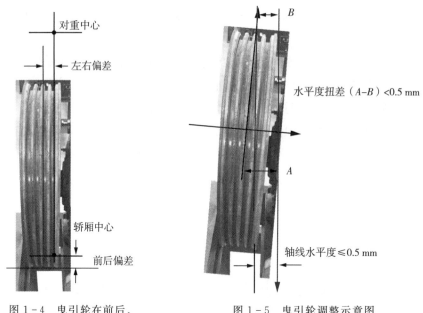

图 1-4　曳引轮在前后、
左右方向的偏差示意图

图 1-5　曳引轮调整示意图

曳引机起吊就位时，应使用悬挂在曳引机位置上方主梁吊钩上的环链手动葫芦进行吊装。吊装前应认真检查主梁吊钩承载能力能否满足要求，手动葫芦承载能力是否足够，各运行部件是否完好。

按安装说明要求的起吊方式，将索具套挂在曳引机座上的起吊孔上进行吊装。吊装的索具不能直接套挂在电动机轴、曳引轮轴等曳引机的机件上。起吊应缓慢平稳地进行，当手动葫芦不是垂直受力时，应特别注意防止索具脱开或环链断开而发生事故。起吊作业时要注意力集中，由一人统一指挥，起吊工作要一气呵成，不得将曳引机长时间悬挂在半空中。

步骤 4：空载运转曳引机。

在曳引绳未挂上前，要进行曳引机的空载运转（正转、反转各转半小时）。

1. 检查曳引机。用干净的煤油清洁减速箱内腔和蜗轮蜗杆齿面，直到从减速箱放油孔内流出的煤油不含有污物为止。清洗时应边洗边盘动，使减速箱转动起来。煤油应收集后过滤，以备再用。清洗完后将箱内煤油清理干净。

2. 在减速箱内注入指定牌号的、清洁的润滑油。对于下置式蜗杆，油量位置应在蜗杆中心线以上，啮合面以下；对于上置式蜗杆，油量位置应以浸入两个蜗轮齿高为宜。减速箱润滑油可采用表 1-3 所列的型号。

3. 减速箱体分割面、窥视盖等应紧密连接，不得渗油、漏油，蜗杆轴伸出端渗油面积不应超过表 1-4 中的规定。

表 1-3 减速箱润滑油型号

名称	型号	100 ℃时黏度（Pa·s）
齿轮油 SYB 1103-620	HL-20 冬季	0.0179～0.221
齿轮油 SYB 1103-620	HL-20 冬季	0.0284～0.0323
齿轮油 SYB 1224-655	HJ$_{3-28}$	0.026～0.030

表 1-4 蜗杆轴与蜗轮轴的渗油面积　　　　　　　　　单位：cm^2

项　　　目	等　　级		
	合格品	一等品	优等品
每小时渗油面积	150	50	0

4. 用松闸扳手打开制动器闸，用手扳转电动机尾部的飞轮，往返数十次，使油充分渗到蜗轮、蜗杆所有齿轮的啮合面上。

5. 主轴两端均装有滚动轴承，应在滚动轴承处添加钙基润滑脂。可用油枪从轴架盖和轴座体上的油杯处注入，注入量以 2/3 油腔为好。

6. 空载运转时必须使曳引机无杂音、冲击和异常振动。减速机箱内油的温升不超过 60 ℃，温度不高于 85 ℃。

步骤 5：对制动器进行调整。

电梯必须设有制动系统，以便在动力电源和控制电路电源失电时能自动动作，使轿厢减速，使曳引机停止运转。

电梯使用的制动器有多种形式，但结构基本相同，一般由电磁铁、制动臂、制动瓦、制动弹簧等组成。电磁制动器实物如图 1-6 所示。

1—制动弹簧；2—制动臂；3—调节螺栓；4—顶杆-线圈-铁芯；5—拉杆；6—闸瓦-制动带。
图 1-6 电磁制动器实物

制动器调整的主要内容如下。

一、调整制动力

调整制动力通过调节制动弹簧的压缩量来实现。方法：松开制动弹簧调节螺母，把该螺母向里拧，减小弹簧长度，可增大弹力，使制动力矩增大；反之，将螺母向外拧，可增加弹簧长度，减小弹力，使制动力矩变小。调整完毕后将其螺母拧紧，经电梯运行，观察其调整效果。

应当注意：在调整中使两边制动弹簧长度相等（有的制动器仅有一个制动弹簧），制动弹簧调整要适当，既要使轿厢停止时能提供足够的制动力，使轿厢迅速停止运行，又要使轿厢在制动时不能过急过猛，保持制动平稳，而且不影响平层准确性。

二、调整电磁力（或松闸力）

调整电磁力通过调整两个电磁铁芯的间隙来实现。方法：用扳手松开倒顺螺母，再调倒顺螺母。粗调时，两边倒顺螺母都要向里拧，使两个铁芯完全闭合，测量拉杆的外露长度，并使两边相等。然后再精调，将一边先退出 0.3 mm，将倒顺螺母拧紧不再动它，再退另一边倒顺螺母，使两边拉杆后退量总和为 0.5～1 mm，即两个电磁铁芯的间隙为 0.5～1 mm（测量拉杆后退量时可用钢板尺）。

三、调整制动带与制动轮之间的间隙

当制动器处于制动状态时，要求制动带紧贴在制动轮外圆面上；当制动器处于松闸状态时，制动带必须完全离开制动轮，而且间隙应均匀，其间隙在任何部位都应在 0.7 mm 以内（各个点间隙尺寸应一样）。如果达不到这一要求，那么必须重新调整该制动带与制动轮之间的间隙。

调整方法：把手动松闸凸轮松开，使制动带脱开制动轮（此时两个电磁铁芯闭合在一起），把制动瓦块定位螺栓旋进或旋出，用塞尺检查该制动带和制动轮上、中、下 3 个位置间隙（两侧的制动带与制动轮间隙都要调整、检查），其尺寸在规定范围内，而且均匀（指两侧 3 个位置尺寸）。注意测量尺寸时应以塞尺塞入间隙 2/3 处为准。调整完毕后，再紧固有关螺栓及手动松闸凸轮，经电梯运行证明符合要求，否则重新调整。

一般情况下，应将手动松闸工具放在机房固定地方。

曳引轮安装位置的调校：设法在曳引轮的上方拉一根水平钢丝线，以此线为水平起点向下放 3 根垂线。其中，一根对准井道内样板架上的轿厢中心点，一根对准样板架上的对重中心点。然后根据曳引轮节圆直径再放一根垂线，以这三根线来校正曳引机的安装位置，要求如下。

1. 曳引轮位置偏差：前后方向（向对重方向）不超过 ±2 mm，左右方向不超过 ±1 mm。

2. 曳引轮垂直度不大于 2 mm。

3. 曳引轮与导向轮之间的平行度不大于 ±1 mm（曳引轮与复绕轮除外）。

知识巩固

一、选择题

1. 电梯曳引机按减速方式不同分为_____和_____。

2. 曳引机的工作特点：_____、_____及_____。

3. 机房噪声标准为不大于_____dB。

4. 无齿轮曳引机结构一般由_____、_____、_____、_____等组成。

5. 有齿轮曳引机结构一般由_____、_____、_____、_____、_____等组成。

二、选择题

1. 曳引机应由专业吊装人员吊装进入电梯机房，吊装人员应持有（　　）。

A. 电梯安全员证书　　　　　　　　B. 电梯司机证

C. 特种作业人员（起重）证书　　　D. 无须持证

2. 吊装就位前应确认机房吊钩的允许负荷（　　）设计要求。

A. 小于　　　　B. 大于等于　　　　C. 等于　　　　D. 无须考虑

3. 曳引机吊离地面（　　）时，应停止起吊，观察吊钩、起重装置、索具、曳引机有无异常，确认安全后方可继续吊装。

A. 20 mm　　　　B. 30 mm　　　　C. 40 mm　　　　D. 50 mm

三、问答题

1. 简述曳引机安装技术标准。

2. 简述曳引机校准方法。

【知识巩固】参考答案

表1-5　更换曳引机观察清单（评价表）

第____组　　　姓名：_____　　第____号工位

序号	工序	观察点	分值/分	组内	组间	教师
1	拆除曳引机	按步骤拆除曳引机	10			
2	安装曳引机	确定与调整曳引机位置	10			
3		安装曳引机垂直度符合标准	10			
4		安装曳引机水平度符合标准	10			
5		空载运转曳引机调试	10			
6		调整制动器符合标准	10			

（续表）

序号	工序	观察点	分值/分	组内	组间	教师
7	职业素养	工具摆放整齐，正确使用工具	10			
8		自觉遵章守纪	10			
9		积极参与教学活动	10			
10		与同学协作融洽，沟通良好	10			
	合计		100			

任务二　更换曳引钢丝绳

电梯的曳引钢丝绳是连接轿厢和对重装置，并由曳引机驱动使轿厢升降的专用钢丝绳，承载着轿厢、对重装置、额定载荷等重量的总和。曳引钢丝绳通过绳头组合与轿厢架或对重架连接。

【案例】

电梯维保技术员小黄对光明小区 1 号电梯进行保养。在保养过程中，他发现机房曳引机挡板下出现大量碎钢丝，经检查发现电梯 7 根曳引钢丝绳中的 1 根出现严重的断股现象。

▶ 活动一：测量曳引钢丝绳长度

在截断曳引钢丝绳之前，需先计算曳引钢丝绳的长度。为了避免截错，一般采用实地测量的方法。

步骤 1：确定绳长。

电梯挂绳后，轿厢处于顶层平层位置，而对重凳的底面与缓冲器顶面净距在规定的越程内，此时确定绳长。考虑到电梯曳引钢丝绳受载后的变形伸长，一般越程距离取最大值。

步骤 2：铅丝量取。

按上述要求，在井道内采用 $\phi 2$ mm 铅丝，根据不同的曳引方式，按曳引钢丝绳的走向和位置进行实地测量。

步骤 3：计算长度。

为减小测量误差，在轿厢及对重上各装一个绳头组合，并按要求调好绳头组合的螺母位置，然后进行测量。根据测量数据，长度计算如下。

$$单绕式单根总长：L = X + 2E + Q$$

$$复绕式单根总长：L = X + 2E + 2Q$$

式中，X——由轿厢绳头组合出口至对重绳头组合出口的长度；

E——绳头在绳头组合内的全长度；

Q——轿厢在顶层安装时，轿厢地坎高于平层的实际距离。

步骤 4：高层误差。

对于高层电梯，我们还应考虑对实测曳引钢丝绳单根总长度 L 扣除伸长度 ΔL 后下料。

$$\text{伸长量：} \Delta L = KL$$

式中，K——伸长系数（一般可取 $K = 0.004$）；

　　　L——绳的实测或计算长度。

▶ 活动二：挂放曳引钢丝绳

步骤 1：消除曳引钢丝绳内应力。

将曳引钢丝绳自由悬吊 4～5 h，消除内应力，避免电梯运行时钢丝绳产生扭曲，造成局部过早磨损，保证曳引钢丝绳的正常使用寿命。悬挂钢丝绳如图 1-7 所示。

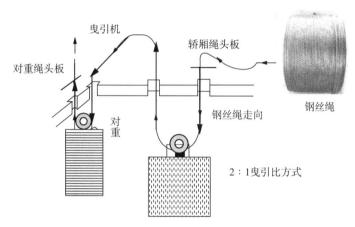

图 1-7　悬挂钢丝绳

步骤 2：从机房往下挂绳。

以曳引方式 2∶1 为例，将曳引钢丝绳从曳引轮两侧分别下放至轿厢和对重装置处，穿过轿顶轮和对重轮再返到机房，并固定在绳头板上。

工序 1：将电梯检修慢车开到电梯最顶层的下一层，在底坑放置 2.5～3 m 长粗方木或者钢管，以把对重撑起。

工序 2：检修慢车往上移动电梯，直到方木或者钢管把对重框顶牢固。继续检修慢车把电梯向上移动，直到曳引轮钢丝绳打滑后把轿厢用手动葫芦吊起，把轿厢往上吊拉的距离等于对重缓冲距，且务必使机房限速器动作卡固，以保证轿厢意外向下移动时，将安全钳嵌固在导轨上，起到二次保护的作用。

工序 3：在底坑将对重轮上钢丝绳截断，在机房内把轿厢侧钢丝绳拉出且拆绳头。新的钢丝绳依次在机房内通过导向轮侧对重反绳轮。在底坑将新绳、旧绳绑在一起，旧绳带新绳上机房，此时用绳夹暂时固定新钢丝绳。

工序 4：在机房内将剩下的钢丝绳捋顺，将钢丝绳另一头从主机侧放到轿厢顶，在轿厢顶制作钢丝绳头。

工序 5：在机房用滑轮将对重侧绳头拉紧，在轿厢侧固定钢丝绳，然后根据实际长度做绳头。做好绳头传递工作，扭紧绳头。且务必一根一根地更换钢丝绳，注意钢丝绳的挠度。

工序6：换好钢丝绳后，放下轿厢，把对重的支撑撤离，紧固好挡绳，装护罩，然后调张紧度，观察补偿链。

工序7：检修运行电梯，确定井道无异常后做井道自学习，恢复电梯正常运行，调平层度。

注意事项：（1）更换前先将绳头压板稍微顶起来一定距离，避免压力传感器被损坏；（2）在钢丝绳的搬运和安装过程中，不允许随便拖拽和重摔，不允许用重物压，不允许沾水以免污染钢丝绳芯。

▶ 活动三：制作绳头

截绳前，应选择宽敞、清洁的地方，把成卷的曳引钢丝绳放开拉直，用棉丝浸于柴油或汽油中并拧干后，将钢丝绳擦洗干净，并检查有无打结扭曲、松股等现象。最好在宽敞、清洁的地面上进行预拉伸，以消除曳引绳的内应力。也可在挂绳时，将一端与轿架上梁固定，将另一端顺着井道放下自由悬挂，这也能起到消除部分内应力的作用。

操作方法和要求如下。

步骤1：裁截钢丝绳。

裁截前，在裁截处用21～22♯（$\phi 0.5$～1 mm）的铅丝分3处扎紧，每处扎紧长度不应小于钢丝绳直径。第一道扎在截断处，第二道距第一道的距离约为2L（L为绳头组合锥形部分长度），第三道距第二道40～50 mm，然后在第一道扎紧处将绳截断（图1-8）。

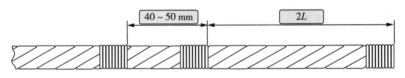

图1-8　钢丝绳的扎紧示意图

步骤2：固定自锁楔形绳套。

自锁楔形绳套如图1-9所示，它由绳套和楔块组成。由曳引钢丝绳绕过楔块套入绳套再将楔块拉紧，由楔块与绳套内孔斜面的配合自锁，并在曳引钢丝绳的拉力作用下，越拉越紧。楔块的下方设有开口锁孔，插入开口锁可以防止楔块松脱。

目前较多使用此种方式，主要原因是此种方式现场施工方便，便于调整，对曳引钢丝绳基本无损伤。目前已经有较多的电梯配件生产厂专门生产此装置，价格相对较低。

固定时必须使用3个以上的绳夹，而且"U"形螺栓应卡在钢丝绳的短头处（图1-10）。绳夹固定法在施工时非常方便，绳夹属于起重装置中通用的部件。

步骤3：放下轿厢。

曳引钢丝绳挂好以后，用手动葫芦提起轿厢，拆除轿底托架，放下轿厢之前，必须装好限速器、安全钳，挂好限速器钢丝绳，将安全钳钳头拉杆与限速器连接好。这样做的目的是防止发生轿厢因打滑等因素意外下坠情况，限速器会发挥作用使安全钳扎住导轨，防止轿厢坠落。然后将轿厢慢慢放下，使对重上升。拆除对重下面的木台架，调整曳引钢丝绳锥套上面的弹簧螺母，使各根曳引钢丝绳受力均匀（误差小于5%）。曳引钢丝绳绳头装置如图1-11（彩插图E3）所示。

图 1-9　自锁楔形绳套

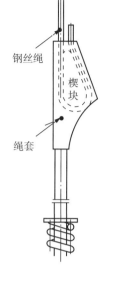

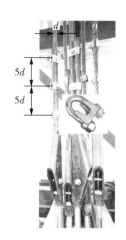

图 1-10　固定钢丝绳头

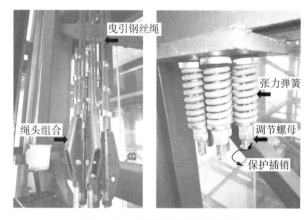

图 1-11　曳引钢丝绳绳头装置

与此同时，工作人员必须检查轿厢地坎与层门地坎之间的距离、门刀与层门门轮之间的距离、门刀与层门地坎之间的距离、导靴与导轨的吻合情况、安全钳与导轨面的距离、轿厢及对重的水平度等是否发生变化。若发现变化需要将之调整至符合要求，最后固定好绳头板，保证各绳头连接可靠，拧紧锁紧螺母。

国标链接

1. 挂放曳引钢丝绳在电梯机房内进行。当曳引方式为 1∶1 时，在机房内曳引轮上，穿过楼板孔洞逐根放下曳引钢丝绳，将曳引钢丝绳两端绳头装置分别穿入轿厢架和对重架的绳头板中，装好弹簧等进行初步紧固，插入保护插销并稳固；当曳引方式为 2∶1 时，曳引钢丝绳需从曳引轮两侧分别下放至轿顶轮和对重轮，再返回机房的绳头板处固定。

绳头板必须稳定地装在承重结构上，不可直接装在楼板上。

2. 曳引钢丝绳挂放完毕经检查无误后，将轿厢用手动葫芦提起，拆除轿厢下的垫木和支承架，然后将轿厢缓慢放下，并初步调整曳引钢丝绳绳头组合上的螺母。在电梯运行一段时间后，再调整曳引钢丝绳的张力，使各绳张力均匀，相互间的偏差不大于5%。

3. 曳引钢丝绳挂放后再进行导靴和安全钳的调整。

4. 机房内曳引钢丝绳与楼板孔洞每边间隙均应为 20～40 mm，通向井道的孔洞四周应筑高50 mm以上、宽度适当的台阶。

知识巩固

一、填空题

1. 曳引钢丝绳是连接_____和_____的重要构件。

2. 当曳引轮转动时，通过_____和_____之间的摩擦力传递动力。

3. 曳引钢丝绳由_____、_____和_____组成。

4. 电梯曳引钢丝绳在一般情况下，_____，因为润滑以后会_____，影响电梯的正常曳引能力。

5. 钢丝绳规格型号符合设计要求，并应符合 GB/T 8903—2018《电梯用钢丝绳》的规定，_____、_____、_____、_____，麻芯润滑油脂无干枯现象，并应保持清洁。

二、选择题

1. 电梯用曳引钢丝绳的股数有（　　）两种。

A. 6 股和 8 股　　　　　　　　B. 5 股和 7 股

C. 11 股和 12 股　　　　　　　D. 7 股和 9 股

2. 当发现多根曳引钢丝绳中有一根断股时，应该（　　）。

A. 不做任何处理　　　　　　　B. 拆除继续运行

C. 全部更换钢丝绳　　　　　　D. 局部更换钢丝绳

3. 图 1-12 所示是曳引钢丝绳的连接方式中的哪一种？（　　）

A. 楔形套筒固定法

B. 绳卡固定法

C. 铝合金压头法

D. 锥形套筒固定法

图 1-12　曳引钢丝绳的连接方式

三、回答题

1. 简述曳引钢丝绳的特点。

2. 简述曳引钢丝绳的主要性能指标。

【知识巩固】参考答案

学习评价表

表1-6 曳引钢丝绳的安装观察清单（评价表）

第___组 姓名：_____ 第___号工位

序号	工序	观察点	分值/分	组内	组间	教师
1	测量曳引钢丝绳长度	确定绳长	5			
2		铅丝量取	10			
3		计算长度	10			
4	制作绳头	裁截钢丝绳	10			
5		固定自锁楔形绳套	10			
6	挂放曳引钢丝绳	消除曳引钢丝绳内应力	5			
7		从机房往下挂绳	5			
8		放下轿厢	5			
9	职业素养	工具摆放整齐，正确使用工具	10			
10		自觉遵章守纪	10			
11		积极参与教学活动	10			
12		与同学协作融洽，沟通良好	10			
	合计		100			

任务三 更换导向轮、反绳轮

【案例】

麒麟小区3号电梯在运行时发出刺耳的异响，上下抖动比较严重，电梯到站停止运行后异响消失。电梯技术员检查后发现轿厢的反绳轮轴承损坏，导向轮轮槽磨损严重，其中一根钢丝绳已经嵌入导向轮内，导致电梯运行时抖动和发出异响。

导向轮是使曳引钢丝绳从曳引钢丝绳轮引向对重一侧或轿厢一侧时所使用的绳轮（通常导向轮导向对重装置一侧）。导向轮通过轴和支架安装在曳引机底座或承重梁上。导向轮总装如图1-13所示。

▶ 活动一：拆卸导向轮、反绳轮

步骤1：拧出稳固螺栓套件。
步骤2：取出导向轮、反绳轮。

▶ 活动二：安装导向轮

步骤1：检查导向轮转动部位油路畅通情况，并清洗后加油。

步骤2：安装放线。先在机房楼板或承重梁上放一根铅垂线A，使其对准井道顶样板架上的对重中心点。然后在该垂线的两侧，根据导向轮的宽度另放两根垂线，以校正导向轮的偏摆。导向轮的安装如图1-14所示。

步骤3：校正移动导向轮，使导向轮绳中心与对重中心垂线重合，并在轴支架与曳引机底座或承重梁的固定处用垫片来调整导向轮的垂直度，同时调整与曳引轮的平行度。

步骤4：紧固导向轮。导向轮位置经调整确定后，用双螺母或弹簧垫圈将螺栓紧固。

图1-13 导向轮总装

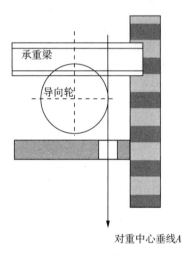

图1-14 导向轮的安装

▶ 活动三：安装反绳轮

为增大曳引钢丝绳对曳引轮的包角，将曳引钢丝绳绕出曳引轮后经绳轮再次绕入曳引轮，这种兼有导向轮作用的绳轮为复绕轮。

复绕轮的安装方法和要求除了与导向轮相同外，还必须将复绕轮与曳引轮沿水平方向偏离1/2的曳引槽间距。复绕轮经安装调整、校正后，挡绳装置距曳引钢丝绳的间隙均为3 mm。

国标链接

1. 导向轮安装要求如下：

（1）导向轮的位置偏差，在前后（对着对重）方向上不应超过±3 mm，在左右方向上不应超过±1 mm；

（2）导向轮与曳引轮的平行度偏差不超过±1 mm，导向轮、曳引轮位置如图1-15所示；

（3）导向轮的垂直度偏差不大于0.5 mm；

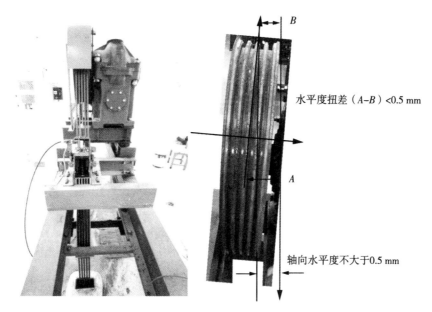

水平度扭差（$A-B$）<0.5 mm

轴向水平度不大于0.5 mm

图 1-15　导向轮、曳引轮位置

2. 曳引轮与导向轮安装后应符合如下技术要求：

（1）导向轮与曳引轮同侧端面的平行度误差不大于 1 mm；

（2）曳引轮和导向轮的垂直度误差不大于 1 mm；

（3）曳引轮轴向位置与轿厢中心的位置偏差不大于 1 mm；

（4）导向轮轴向位置与对重中心的位置偏差不大于 1 mm；

（5）曳引轮水平径向位置与轿厢中心的位置偏差不大于 2 mm；

（6）导向轮水平径向位置与对重中心的位置偏差不大于 2 mm；

（7）校正后全部紧固螺栓应旋紧，拆除有关的铅垂线；

（8）在曳引机盘车手轮处应明显标出轿厢升降方向的标志；

（9）制动器动作应灵活可靠，运行时无摩擦，制停时应无撞击声，制动时两侧闸瓦应紧密均匀地贴合在制动轮的工作面上，松闸时应同步离开，在两侧四角处间隙平均值各不大于0.7 mm。如未达到要求，应调整至符合要求。

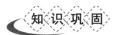

一、填空题

1. 导向轮由_____、_____和_____等机件构成。

2. 导向轮的作用主要是_____。

3. 导向轮上开有曳引绳槽，导向轮的绳槽间距与曳引轮的绳槽间距_____。

4. 反绳轮是指_____。根据需要曳引绳绕过反绳轮可以构成不同的曳引比。

5. 反绳轮的作用是_____。

二、选择题

1. 导向轮绳轮安装必须牢固，转动灵活，其垂直度偏差小于（　　）。

A. 0.5 mm   B. 0.6 mm   C. 0.7 mm   D. 0.10 mm

2. 当轿厢有反绳轮时，反绳轮应设置_____和_____。（　　）

A. 防护装置　开关装置   B. 启动装置　挡绳装置

C. 防护装置　挡绳装置   D. 安全保护装置　电气检测装置

3. 轿厢空载时，导向轮端面与曳引轮端面的平行度偏差小于（　　）。

A. 0.2 mm   B. 1 mm   C. 1.5 mm   D. 0.1 mm

三、简答题

1. 简述轿顶反绳轮和绳头组合的检查内容。

2. 简述导向轮和反绳轮的维修保养要点。

【知识巩固】参考答案

表1-7　导向轮和复绕轮的安装观察清单（评价表）

第___组　　　　姓名：_____　　　第___号工位

序号	工序	观察点	分值/分	组内	组间	教师
1	拆卸导向轮、反绳轮	拧出稳固螺栓套件	6			
2		取出导向轮、反绳轮	6			
3	安装导向轮	检查导向轮转动部位油路畅通情况	6			
4		安装放线	6			
5		校正移动导向轮	6			
6		紧固导向轮	6			
7		导向轮的位置偏差，在前后（对着对重）方向上不应超过±3 mm，在左右方向上不应超过±1 mm	8			
8		导向轮与曳引轮的平行度偏差不超过±1 mm	8			
9		导向轮的垂直度偏差不大于0.5 mm	8			
10	职业素养	工具摆放整齐，正确使用工具	10			
11		自觉遵章守纪	10			
12		积极参与教学活动	10			
13		与同学协作融洽，沟通良好	10			
	合计		100			

 **中职生勇毅前行 获全国五一劳动奖章**

2023 年，来自上海市闵行区浦江镇的上海爱登堡电梯集团股份有限公司（简称"爱登堡电梯公司"）电梯研发部副部长、高级工程师、技师潘阿锁，被授予全国五一劳动奖章，并获得中共中央宣传部、中华全国总工会联合评选的"最美职工"称号。潘阿锁是 2023 年上海唯一一位当选"全国十大最美职工"的个人。从一名普通的沪漂蓝领，到获得上海市五一劳动奖章、上海市科技进步奖、"上海工匠"称号，连续两次拿到中国（上海）国际发明创新展览会金奖，再到 2023 年在北京人民大会堂获"最美职工"殊荣，潘阿锁成为闵行 50 万职工中的先进代表。他是如何做到的？

潘阿锁 1983 年 12 月出生于江苏盐城的一个普通工人家庭中。中考发挥失常后，面对家人的失望，他没有气馁，选择去技校学一门手艺。在技校，潘阿锁系统学习了机械理论与实操（实际操作），考取了相关证书。在他毕业的前一年，江苏省出台了对口单招政策，允许职业学校的技校生考取大学。在录取率仅有 5% 的情况下，他抓住机遇，高分考取南京工程学院本科，圆了大学梦。

技校锻炼了他的实操能力，大学丰富了他的理论素养。毕业后，潘阿锁于 2008 年入职上海市闵行区浦江镇的爱登堡电梯公司。他沉浸在电梯研发的世界里，随时向工程师、老师傅们请教学习，午休时在职工书屋里捧着专业书"啃"，晚上下班后在宿舍里记笔记、抄重点……5 年的时间里，他把所有类型的电梯都钻研了个遍，也为自己从一名"学徒"转变为"工匠"，进而成为电梯安装维修与设计领域首位省部级技能大师工作室领衔人奠定了坚实的理论和实践基础。

——节选自澎湃新闻《从沪漂蓝领到"最美职工"，他研发高速电梯打破国外技术垄断》，2023 - 04 - 30，有改动。

项目二　电梯导向系统的维修

电梯在曳引系统提供动力的支持下，通过导向系统，使轿厢和对重只能沿着导轨运动。电梯导向系统主要由导轨、导靴、导轨支架组成。

任务一是更换导轨。在旧梯改造时，由于新电梯的导轨与老电梯导轨规格不同，或者导轨磨损严重时需要对导轨进行更换。

任务二是更换导靴，导靴寿命取决于导靴的靴衬。靴衬的寿命一般为 3～5 年，但若因电梯安装造成偏载，使靴衬磨损很严重，则导靴寿命会缩短，当靴衬磨损量达到 4 mm 时需更换。此处介绍更换滑动导靴的方法。

任务一　更换导轨

【案例】

盛世小区 2 号电梯运行至 3 楼时出现大幅度的晃动。电梯维修技术人员检查发现电梯 2 楼至 3 楼的一处导轨衔接处松动，导轨错位，长时间运行，导轨出现严重磨损和弯曲，导致电梯经过时出现大幅度晃动的现象。

▶ 活动一：拆除旧导轨

步骤 1：拆除旧导轨支架。

步骤 2：拆除旧导轨。

▶ 活动二：安装新导轨

步骤 1：连接导轨。

导轨的长度一般为 3～5 mm，连接时将导轨端部的榫头与榫槽契合定位，底板用接道板固定。导轨的连接如图 2-1 所示。

为使榫头与榫槽的定位准确，应使榫头完全揳入榫槽，连接时应将个别起毛的榫头、榫槽用锉刀略加修整。连接后，接头处不应存在连接缝隙。对于在对接处出现的台阶接头，要求进行修光。

步骤 2：固定导轨。

导轨在导轨架上的固定有压板固定和螺栓固定两种方法。导轨的压板固定如图 2-2 所示。

1—上导轨；2—接道板；3—下导轨；4—榫头；5—连接螺栓。

图 2-1　导轨的连接

压板固定法，也称移动式紧固法，被广泛用于电梯导轨的安装。用导轨压板将导轨压紧在导轨支架上。当井道壁下沉或热胀冷缩等使导轨受到的拉伸力超出压板的压紧力时，导轨就能相对于支架移动，从而避免导轨弯曲变形。压板的压紧力可通过调整压板螺栓的拧紧程度进行调整。

步骤 3：调整导轨。

1. 在距导轨端面中心 15 mm 处，由样板架作垂直于吊桥厢或对重的标准垂直线，并准确地紧固在底坑样板上。导轨垂线的放置如图 2-3 所示。

图 2-2　导轨的压板固定

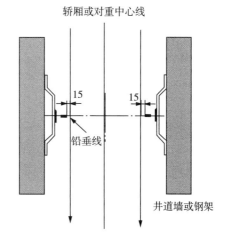

图 2-3　导轨垂线的放置

2. 在每挡支架处，用钢板尺或导轨卡板，分别从下至上初校导轨端面与标准线之间的距离，不合适的要用垫片调整。专用导轨卡板如图 2-4 所示。

3. 垫片应为专用导轨调整垫片，导轨底面与支架面之间的垫片超过 3 片时，应将垫片与支架垫焊牢固。调整精度有困难时，可加垫 0.4 mm 以下的磷铜片。

4. 在单列导轨初校时，接道板与导轨的连接螺栓暂不拧紧；在进行两列导轨精校时，再逐个将连接螺栓拧紧。

图 2-4　专用导轨卡板

5. 经粗校和粗调后，再用导轨卡规（俗称找道尺）精调。导轨卡规是测量两列导轨间距及检查偏扭的专用工具。导轨精校卡尺如图 2-5 所示。将导轨卡规卡入导轨，观测导轨断面、铅垂线、卡规刻线是否在正确位置上，对各导轨的对称面与其基准面的偏移进行调整。导轨卡规应精心组装，保证左尺与右尺的工作面在同一平面内且使两对指针对正。

图 2-5　导轨精校卡尺

（1）扭曲的调整：将导轨卡规端平，并使指针尾部平面 90°角处和导轨侧工作面贴平贴严。若两端指针尖端指在同一水平线位置的导轨卡规刻线上，说明无扭曲现象。若指针偏离相对水平线位置，应在导轨与导轨支架之间垫垫片调整，使之符合要求，并反向 180°用同一方法复测导轨。

（2）间距的调整：使导轨卡规长度等于导轨端面距离。操作时端平导轨卡规，使其一端贴严导轨面，用塞尺测导轨卡规另一端面与导轨面之间的间隙，调整导轨位置，使其符合要求。

1. 每列导轨侧工作面距离安装标准线的偏差每 5 m 不超过 0.7 mm。

2. 导轨接头处允许台阶 a_1、a_2 不大于 0.05 mm，如图 2-6（a）所示。

 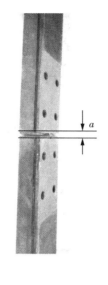

（a）导轨接头台阶　　　（b）导轨工作面接头缝隙

图 2-6　导轨主要部位调整示意图

3. 导轨工作面接头处不应有连续缝隙，且局部缝隙不大于 0.5 mm，如图 2-6（b）所示。

4. 两列导轨顶面间的距离偏差为 0.6 mm，在整个长度内应符合表 2-1 的规定。

表 2-1　两列导轨顶面间的距离偏差　　　　　　　　单位：mm

电梯类别	高速梯		低速、快速梯	
导轨用途	轿厢导轨	对重导轨	轿厢导轨	对重导轨
偏差值	0.5～1.5	0～2	0～2	0～3

5. 轿厢两列导轨接头不应在同一水平面上，至少相距约一个导靴高度。轿厢导轨的下端距坑底平面应有 60～80 mm 悬空。

6. 各导轨顶端距井道顶板的距离应保证对重或轿厢将缓冲器完全压缩时，导靴不会越出导轨，并且导轨有不小于 $(0.1+0.035V^2)$ m（V 为额定速度）的余留长度。导轨顶端至井道顶板有 50～300 mm 的距离。

7. 导轨吊装后，需要对轿厢导轨、对重导轨进行认真的调整校正。导轨校正是以样板架为基准进行的，故应首先调整上、下样板架，使铅垂线复位并绷直，在每列导轨距中心端 5 mm 处悬挂一条铅垂线。校正导轨可按以下两步进行。

（1）校正导轨垂直度。根据导轨和固定铅垂线的距离，用初校卡板校正，以样板架所悬挂下垂的铅垂线为依据，使导轨的垂直度与工作侧面调整达到规定的要求。导轨的安装与校正如图 2-7 所示。

（2）校正导轨的间距和面平行度。使用精校卡板（图 2-8），自上而下进行测量校正。精校卡尺是检查和测量两列导轨间的距离、垂直、偏扭的工具。当两侧导轨侧面平行时，卡板两端的箭头应准确地指向校正卡板中心线。

图 2-7　导轨的安装及校正

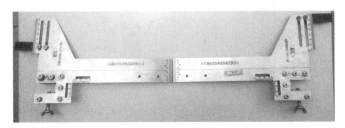

图 2-8　精校卡板（校导尺）

调整时可采用加减调整垫片法，局部用铁刨、油石、锉刀等专用工具修整好。导轨经精校后应达到以下要求：

（1）两列导轨端面之间的间距误差：轿厢导轨为 0～2 mm，对重导轨为 0～3 mm（表 2-1）。

（2）在整个高度上，相对的两列导轨工作面的相互偏差不应超过 1 mm，在每 5 m 高度上不应超过 0.7 mm，两导轨接头处偏差见表 2-2 所列。

表 2-2　两导轨接头处偏差　　　　　　　　　　单位：mm

电梯类别	甲		乙、丙	
导轨用途	轿厢导轨	对重导轨	轿厢导轨	对重导轨
偏差	±0.5	±1	±1	±2

（3）导轨接头处不应有连续的缝隙。局部缝隙口应不大于 0.5 mm，接头处台阶在 ±150 mm 内间隙小于 0.05 mm。

（4）导轨接头处的台阶应按表 2-3 规定的修光长度修光。修光后的凸出量应小于 0.02 mm。

表 2-3　修光长度　　　　　　　　　　单位：mm

电梯类别	高速梯	低速、快速梯
修光长度	300	200

（5）导轨应用压导板固定在导轨架上，不允许焊接或用螺栓直接固定。

8. 导轨安装中的安全技术要求如下：

（1）施工人员应戴好安全帽，登高作业时系好安全带，工具应放在工具袋内，大型工具用保险绳扎好，以防坠落伤人；

（2）检查脚手架及踏板是否牢固；

（3）严禁立体作业；

（4）井道墙上凿洞时不允许用 1.1 kg 以上大锤猛击墙面；

（5）安装导轨时劳动强度大，要做好安全防护工作，必须配备人力，专人负责，统一指挥，集中精力。

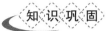

一、填空题

1. 电梯的导向系统包括_____和_____两部分。

2. 导向系统的作用是_____

_____。

3. 导向系统主要由_____、_____、_____构成。

4. 《电梯 T 型导轨》（GB/T 22562—2008）中对导轨的表面粗糙度的规定：对导向面的纵向机械加工导轨_____，冷轧加工导轨_____；对导向面的横向_____。

5. 常见的导轨横截面形状有_____、_____、_____、_____、_____，其中最常用的是_____、_____。

二、选择题

1. 基准线尺寸必须符合图纸要求，各线偏差不应大于(　　)，且基准线必须保证垂直。

A. 0.3 mm　　　　B. ±0.3 mm　　　　C. ±0.45 mm　　　　D. ±1 mm

2. 轿厢导轨和设有安全钳的对重（平衡重）导轨工作面接头处不应有连续缝隙，导轨接头处台阶不应大于____。如超过应修平，修平长度应大于____。　　　　　　(　　)

A. 0.02 mm，90 mm　　　　　　　　B. 0.03 mm，100 mm

C. 0.05 mm，120 mm　　　　　　　　D. 0.05 mm，150 mm

3. 每列导轨工作面（包括侧面与顶面）与安装基准线每 5 m 的偏差均不应大于下列数值：

　　　　　　　　　　　　　　　　　　　　　　　　　　　　　　　　　(　　)

① 轿厢导轨和设有安全钳的对重（平衡重）导轨为____；

② 不设安全钳的对重（平衡重）导轨为____。

A. 0.2 mm，1.3 mm　　　　　　　　B. 0.3 mm，1.2 mm

C. 0.5 mm，1.1 mm　　　　　　　　D. 0.6 mm，1.0 mm

三、问答题

1. 简述脚手架搭建标准。

2. 简述井道垂直偏差要求。

【知识巩固】参考答案

学习评价表

表 2-4　更换导轨观察清单（评价表）

第＿＿＿组　　　姓名：＿＿＿＿＿＿＿　　第＿＿＿号工位

序号	工序	观察点	分值/分	组内	组间	教师
1	拆除旧导轨	拆除旧导轨支架	6			
2		拆除旧导轨	6			
3	安装新导轨	连接导轨	8			
4		固定导轨	8			
5	调整导轨	每列导轨侧工作面距安装标准线的偏差每 5 m 不超过 0.7 mm	8			
6		导轨接头处允许台阶 a_1（和 a_2）不大于 0.05 mm	8			
7		导轨工作面接头处不应有连续缝隙，且局部缝隙不大于 0.5 mm	8			
8		两列导轨顶面间的距离偏差，对于高速梯来说，轿厢导轨为 0.5～1.5 mm，对重导轨为 0～2 mm	8			
9	职业素养	工具摆放整齐，正确使用工具	10			
10		自觉遵章守纪	10			
11		积极参与教学活动	10			
12		与同学协作融洽，沟通良好	10			
	合计		100			

任务二　更换导靴

导靴引导轿厢和对重服从于导轨的位置。轿厢和对重的负载偏心所产生的力通过导靴传递到导轨上。

轿厢导靴安装在轿厢上梁和轿厢底部安全钳座下面，对重导靴安装在对重架上部和底部，各 4 个。

【案例】

阳光小区 4 号电梯运行时出现晃动，运行舒适感差。经电梯维修人员检查发现，电梯导靴已经被严重磨损，磨损量达 3/4，导致电梯在运行过程中出现晃动的现象。

▶ 活动：更换刚性滑动导靴

刚性滑动导靴由靴座、靴底、靴衬等组成，其实物如图 2-9（彩插图 E4）所示。

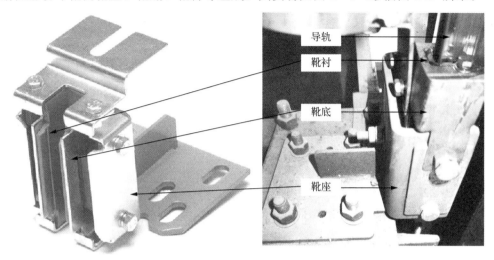

导轨

靴衬

靴底

靴座

图 2-9　刚性滑动导靴实物

步骤 1：调整垂直度。

轿厢或者对重的上、下、左、右的 4 只导靴应安装在同一个垂直面上，不能有错位。安装时确保电梯轿厢或者对重处在水平位置，不能有倾斜，避免导靴位置不在同一个垂直面上，否则靴衬会被严重磨损，甚至损坏。

步骤 2：调整间隙。

刚性滑动导靴与导轨顶面间间隙应均匀，每一对导靴两侧间隙之和不大于 2 mm，与导轨顶面间的间隙之和为 4 mm±2 mm。（弹性滑动导靴的滑块面与导轨顶面间应无间隙，每个导靴的压缩弹簧伸缩范围不大于 4 mm。）

知识巩固

一、填空题

1. 导靴是确保轿厢和对重装置分别＿＿＿＿＿＿＿的重要机件，也是保持轿厢踏板与层门踏板、轿厢体与对重装置＿＿＿＿＿＿＿＿＿＿＿＿＿＿＿＿＿＿＿＿＿＿＿＿的装置。

2. 按导靴在导轨工作面上的运动方式，导靴可分为＿＿＿＿＿＿和＿＿＿＿＿＿两种。

3. 轿厢导靴安装在＿＿＿＿＿＿＿＿＿＿＿＿＿＿＿＿＿＿＿＿＿＿＿＿＿＿＿＿＿＿＿＿。

4. 对重导靴安装在＿＿＿＿＿＿＿＿＿＿＿＿＿＿＿＿＿＿＿＿＿＿＿＿＿＿＿＿＿＿＿＿。

5. 每台电梯的轿厢架和对重架各装＿＿＿＿＿＿导靴。

二、选择题

1. 导靴组装时刚性结构应符合：能保证电梯正常运行，且轿厢两导轨端面与两导靴内表面之间的间隙之和为（　　）。

A. 2.2 mm±1.2 mm　　　　　　　　B. 2.3 mm±1.3 mm

C. 2.4 mm±1.4 mm   D. 2.5 mm±1.5 mm

2．导靴组装时弹性结构应符合：能保证电梯正常运行，且导轨顶面和导靴滑块面之间无间隙，导靴弹簧的伸缩范围不大于(　　)。

A．2 mm   B．3 mm   C．4 mm   D．5 mm

3．导靴油杯中油量少于(　　)时，需要加注专用导轨油。

A．1/2   B．1/3   C．1/4   D．1/5

三、问答题

1．简述更换导靴靴衬的操作过程。

2．简述导靴保养要点。

【知识巩固】参考答案

 学习评价表

表2-5　轿厢的安装观察清单（评价表）

第＿＿＿组　　　姓名：＿＿＿＿＿　　　第＿＿＿号工位

序号	工序	观察点	分值/分	组内	组间	教师
1	调整垂直度	4只导靴应安装在同一垂直面上，不应有歪斜	20			
2	调整间隙	滑动导靴与导轨顶面之间的间隙应均匀，每一对导靴两侧间隙之和不大于2 mm	20			
3		滑动导靴与导轨顶面之间的间隙应均匀，每一对导靴与角型导轨顶面间隙之和为4 mm±2 mm	20			
4	职业素养	工具摆放整齐，正确使用工具	10			
5		自觉遵章守纪	10			
6		积极参与教学活动	10			
7		与同学协作融洽，沟通良好	10			
	合计		100			

拓展阅读　**中职生脚踏实地　精益求精成工匠**

2018年，江苏省工业设备安装集团有限公司的工程师吴云，荣获电梯安装维修工工种"南京工匠"荣誉称号。组委会给的颁奖词生动描述了吴云的风采："千万劳动者中，你是普通的电梯维修工，狭长井道是你的战场，汗水油污是你的形象。你用技能超群修复'天梯'，带我们飞往云端之上；千万劳动者中，你是平凡的电梯维修工。你踏实勤勉，总是第一时间

赶赴现场；你顽强执着，不眠不休解决技术故障，你技艺精湛，成为电梯维修行家里手；你重任在肩，是千家万户平安的守护者!"

1992年8月，吴云从学校毕业后，进入公司工作，一直在生产一线从事各种品牌的电梯安装、调试、维修及改造等技术工作。由于虚心好学，能吃苦耐劳，他业务水平提高很快。在一次电梯安装任务中，他把30厘米厚的电梯电气原理图拿出来，一页一页地翻，一行一行地看，把原理图上的标识和注释与监控图纸的标识和注释进行对照，在每个电梯机房内确定了放线的位置和监控线的数量，对每一根线通向哪一台电梯，在哪一个位置，在哪里有接头，哪里可以短接都了如指掌。尤其是在调试应急电源切换每台电梯迫降时的时间继电器和闭合顺序上取得成功。对于某一个线号，他只要10秒钟就能找到接线的位置。

——节选自南京建筑业协会官网《电梯安全的守护者——记南京第二届十大工匠获得者吴云》，2018-05-30，有改动。

项目三　电梯轿厢系统的维修

电梯轿厢沿着导向系统中轿厢导轨上下运行。电梯轿厢系统主要由轿厢架和轿厢体组成，它是用以运送乘客和货物的组件。当轿厢因外力出现较大变形影响轿厢在井道内的运行时，需要进行维修或更换。工作人员应依照规范对轿厢架与轿厢体进行维修或更换。

任务一　更换轿厢架

【案例】

汇东小区 9 号电梯使用年限已达 15 年，电梯技术员在检查电梯时发现轿厢立柱严重倾斜，这导致电梯运行时轿厢重心偏移，常出现门刀撞层门门球的现象，从而导致电梯困人。

▶ 活动一：前期准备工作

步骤 1：井道壁凿洞。

维修人员在轿顶位置，以检修慢车方式移动轿厢至电梯层站最高层，在电梯最高层站门口地面对面的井道壁上平行地凿两个孔洞，两孔洞间宽度与层门口宽度相同。

以底坑对重缓冲器位置为中点，在两边与对重等宽地立起两根木质顶柱，以检修慢车方式移动对重至最低位置，直到受到所立木质顶柱的支撑。此时，轿厢地坎位置应该高出电梯上端最高层站。

步骤 2：架支撑横梁。

在层门口与该对面井道避孔洞之间，水平地架起两根不小于 200 mm×200 mm 的方木或钢梁，作为组装轿厢的支承架。校正其水平度后用木料顶挤牢固。安装轿厢支撑架的设置如图 3-1 所示。

步骤 3：悬挂手动葫芦。

在机房楼板承重梁位置横向固定一根不小于 φ50 mm 的钢管，在轿厢中心对应的楼板预留孔洞中放下钢丝绳扣，悬挂一只 2～3 t 的环链手动葫芦，以便组装轿厢时起吊轿厢底梁、

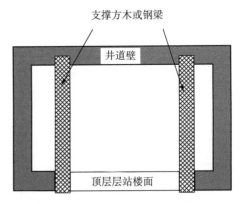

图 3-1　安装轿厢支撑架的设置

上梁等较大的零件。轿厢安装示意图如图3－2所示。

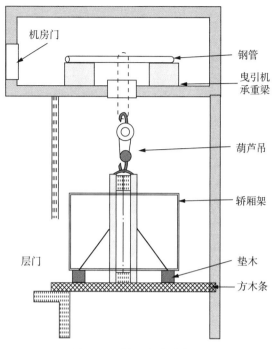

图 3－2　轿厢安装示意图

▶ 活动二：安装轿厢架

步骤1： 把轿厢架下梁放在支承架上，使两端的安全钳口与两列导轨端面之间的间隙一致。按两列导轨中心线连线调整其平行度，并且与其上平面的水平度不大于2/1000。

步骤2： 竖立轿厢两侧立柱，并与轿底梁通过螺栓连接。

步骤3： 调整立柱，使其在未装上梁前，在整个高度上的垂直度偏差不超过1.5 mm。

步骤4： 用手动葫芦将上梁吊起，与两侧立柱连接。

步骤5： 再次校正立柱的垂直度，符合要求后紧固连接螺栓。组装好轿厢架，其对角线尺寸允许误差应小于5 mm。

一、填空题

1. 轿厢架是_____。

2. 轿厢架由_____、_____、_____、_____等结构组成。

3. 当发现轿厢架变形（且变形不太厉害）时，可采取_____的办法，让其自然校正，然后再拧紧。但若变形较严重，则要拆下重新校正或更换。

4. 当电梯发生_____、_____、_____时，应及时检查轿厢架与轿厢体四角接点的螺栓紧固和变形的情况。

5. 检查轿厢架与轿厢体连接时要检查连接螺栓：_____、_____、_____、

_____、锈蚀或零件丢失等情况。

二、选择题

1. 当铜套过厚时应减薄隔环，使轮的轴向间隙保持在(   )左右。

A. 0.5 mm　　　　B. 0.6 mm　　　　　C. 0.7 mm　　　　　　D. 0.8 mm

2. 轿厢底梁的横向、纵向的水平度均不大于(   )。

A. 0.1/1000　　　B. 1/1000　　　　　C. 3/1000　　　　　　D. 2/1000

3. 轿厢立柱的铅垂度偏差在整个高度上不大于(   )，不得有扭曲。

A. 1.5 mm　　　　B. 1.6 mm　　　　　C. 1.7 mm　　　　　　D. 1.8 mm

三、问答题

1. 简述轿厢架的作用。

2. 简述轿厢检查中有关轿厢架的主要项目。

【知识巩固】参考答案

表 3－1　轿厢的安装观察清单（评价表）

第___组　　　姓名：_____　　第___号工位

序号	工序	观察点	分值/分	组内	组间	教师
1	前期准备工作	井道壁凿洞	7			
2		架支撑横梁	7			
3		悬挂手动葫芦	7			
4	安装轿厢架	把轿厢架下梁放在支承架上，使两端的安全钳口与两列导轨端面之间的间隙一致	7			
5		竖立轿厢两侧立柱，并与轿底梁通过螺栓连接	7			
6		调整立柱，使其在未装上梁前，在整个高度上的垂直度偏差不超过1.5 mm	7			
7		用手动葫芦将上梁吊起，与两侧立柱连接	9			
8		再次校正立柱的垂直度，符合要求后紧固连接螺栓。组装好轿厢架，其对角线尺寸允许误差应小于5 mm	9			

（续表）

序号	工序	观察点	分值/分	组内	组间	教师
9	职业素养	工具摆放整齐，正确使用工具	10			
10		自觉遵章守纪	10			
11		积极参与教学活动	10			
12		与同学协作融洽，沟通良好	10			
	合计		100			

任务二　维修轿厢体

【案例】

一家装修公司运送400多公斤瓷砖进1号电梯上20楼。在上升到2楼时，电梯出现故障停摆。打开电梯发现，货物放在靠近电梯门处，没有放在电梯中间，导致轿厢受力不均，轿厢严重变形损坏严重。

▶ 活动：维修轿厢壁、轿厢顶

图3-3为轿厢的分解示意图。轿厢壁一般采用1.5 mm左右的薄钢板制成，一般为多块拼装式，相互用螺栓连接。在客梯中，每块轿壁之间都镶有镶条，除起美化作用外，还能起到减弱振动在轿壁间相互传递的作用。

轿壁用螺栓紧固在轿厢底板上或围裙上。轿壁装配后，在轿厢内部无法拆卸。

轿厢顶与轿厢壁一样，用薄钢板制成，除杂物梯及层门外操纵的货梯外，均开有轿顶安全窗。

步骤1： 首先将组装好的轿顶（如轿顶未拼装，可待轿壁装好后进行安装）用手拉手动葫芦起并悬挂在上梁下面临时固定。

步骤2： 装配轿壁时，一般按后壁、侧壁、前壁的顺序，逐一用螺栓与轿顶、轿底（或围裙）固定，轿壁之间也用螺栓固定。

步骤3： 对于轿底与轿壁之间装有通风垫、轿壁之间装有镶条以及有门口方管、门灯方管等的应同时装配。

步骤4： 对轿门外的前壁和操纵壁要用铅垂线进行校正，其垂直度应不大于1/1000。

步骤5： 各轿壁之间的上下间隙应一致，拼装接口应平整，镶条要垂直。

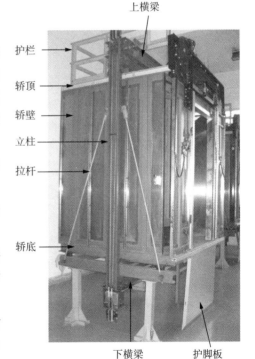

图3-3　轿厢的分解示意图

步骤6：轿顶与轿壁固定后，在立柱和轿顶之间安装缓冲器。

步骤7：安装时应注意对轿壁的保护，使其无污染和损伤。

步骤8：在轿顶上靠对重一侧应设防护栏，其高度一般不低于1000 mm。轿顶其余侧与井道壁间距大于200 mm时也应设防护栅栏。防护栅栏安装应牢固。

步骤9：为了便于在应急状况下使用安全窗，目前有的在吊顶上附加了开启装置。当安全窗开启时，应能切断控制电路，使电梯不能启动，以确保安全。

知识巩固

一、填空题

1. 轿厢是 _____。

2. 轿厢架由 _____、_____、_____ 等结构组成。

3. 在检查轿厢的项目中要求检查_____、_____，_____；查出原因并做相应处理。

4. 在日常维保（维修保养）中，应保持轿厢体各组成部分的接合处在_____，应无过大的拼缝。

5. 检查轿底、轿壁和轿顶的相互位置有无错位，方法：_____。

二、选择题

1. 为了乘客的安全和舒适，轿厢入口和内部的净高度不得小于（　　），为防止乘客过多而引起超载，轿厢的有效面积必须予以限制。

A. 2 m　　　　　　B. 3 m　　　　　　C. 4 m　　　　　　D. 5 m

2. 轿厢的检查内容中不包括以下哪一项？（　　）

A. 检查轿厢架与轿厢体的连接

B. 检查轿底、轿壁和轿顶的相互位置

C. 检查固定对重装置中的对重块紧固件是否牢固

D. 检查轿顶轮（反绳轮）和绳头组合

3. 轿顶轮（反绳轮）和绳头组合检查中不包括以下哪一项？（　　）

A. 检查轿顶轮有无裂纹，轮孔润滑性能是否良好，绳头组合有无松动、移位等

B. 检查轿壁有无翘曲、嵌头螺钉有无松脱，有无振动异响；查出原因并做相应处理

C. 轿顶轮上轴承应定期加油；如果发现轿顶轮轴承在转动时发出异响，说明已缺乏润滑，应及时补油

D. 当轿顶轮转动时有偏簸或有轴向窜动现象时，说明隔环端面被磨损、轴向间隙大，可采用加垫圈的办法解决

三、问答题

1. 简述检查轿厢架与轿厢体的连接时需要检查的内容。

2. 简述轿厢检查的主要内容。

【知识巩固】参考答案

学习评价表

表 3 - 2　轿厢的安装观察清单（评价表）

第____组　　姓名：_____　　第____号工位

序号	工序	观察点	分值/分	组内	组间	教师
1	维修轿厢底	把轿厢底放置在下梁上	12			
2		在立柱与轿底之间装上 4 根斜拉条，并紧固	12			
3		轿厢底平面的水平度不应超过 2/1000	12			
4	维修轿厢壁、轿厢顶	对轿门外的前壁和操纵壁要用铅垂线进行校正，其垂直度应不大于 1/1000	12			
5		应在轿顶上靠对重一侧设防护栏，其高度一般不低于 1000 mm	12			
6	职业素养	工具摆放整齐，正确使用工具	10			
7		自觉遵章守纪	10			
8		积极参与教学活动	10			
9		与同学协作融洽，沟通良好	10			
	合计		100			

拓展阅读　中职生踔厉风发　追求卓越成模范

电梯，一个只有 2 平方米左右的狭窄空间，他已在这个方寸园地里潜心耕耘了 26 年；他从一名普通的技校毕业生，靠一股拧劲儿，练就了一身"望、闻、问、切"的绝活，成为名动京城的"电梯名医"；他先后主持完成诸多重点工程、累计 1000 余台电梯的安装调试工作，一次交验合格率均为 100%；他曾为北京 APEC 会议电梯保障奋战 6 昼夜，使 80 台电梯运行分秒不差，均实现了零故障；在 2020 年，他临危受命，来到北京小汤山医院建设现场，主持电梯安装工作，鏖战 53 天，确保工程如期交付。他就是北京市劳动模范、北京建工安装集团时代电梯公司主任工程师陶建伟。

1994 年 6 月，陶建伟毕业于北京市设备安装工程公司技工学校，进入北京建工安装集团时代电梯公司工作。刚毕业，不懂的地方有很多，他就一次次地请教师傅，去问有经验的同事或者前辈，反反复复地琢磨，直到弄懂为止。陶建伟一边虚心向前辈求教，一边利用业余时间学习计算机、VB 程序设计、CAD 工程制图等相关课程。爱一行钻一行，他练就了"电梯医生"绝技。

——节选自澎湃媒体：劳动午报《电梯大师陶建伟：方寸空间尽显匠者本色》，2020 - 05 - 15，有改动。

项目四　维修电梯门系统

轿厢系统的轿门系统与电梯层站空间的层门系统组成电梯的门系统。

电梯门系统的主要功能是提供乘客或货物的进出口，在运行时门必须都关闭，到站后轿厢平层时才能打开。据有关资料统计，现在所有的电梯事故中80％发生在电梯的出入口——层门，事故类型有剪切、挤压、坠落等。门系统故障的呈现方式有多种。例如，电梯无法做出开门与关门的动作，电梯已到达目标层不开门，按下按钮电梯门无反应，电梯门开启与关闭速度过慢以及电梯开关门时振幅较大。

任务一　维修层门系统

【案例】

在气象小区1号电梯处，乘客酒后等待电梯时，因等待时间过长，暴力踢撞电梯厅门，导致厅门严重变形，电梯无法运行。

▶ 活动一：更换层门地坎

层门地坎安装在每一层门口的井道牛腿上。它的作用是限制层门门扇下端沿着一定的直线方向运动。维修安装时应根据精校后轿厢导轨位置的样板架悬挂的标准线，经计算确定层门地坎的精确位置。

地坎是外露的部件，同时也起到一定的装饰作用，因此在安装前首先要检查地坎是否有弯曲变形，安装时不应将其表面划伤。

安装步骤如下：

1. 根据层门门宽中线至轿厢导轨顶面中点距离 L_1、L_4 相等，确定地坎的水平位置。轿厢导轨至层门地坎位置确定方法如图 4-1 所示。

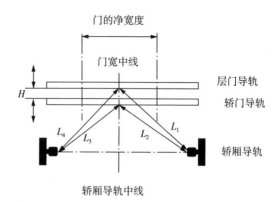

图 4-1　轿厢导轨至层门地坎位置确定方法

2. 轿厢地坎与层门地坎间隙 $H = 25\sim35$ mm，层门地坎与门刀水平距离为 $5\sim10$ mm。层门地坎与轿门地坎、门刀的水平距离如图 4-2 所示。

3. 各层地坎的标高确定。地坎应高出装修地面（包括地毯）2～5mm，应将仅抹灰的地平面做成 1/100～1/50 的过渡斜坡。

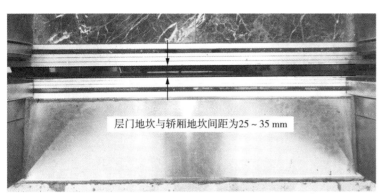
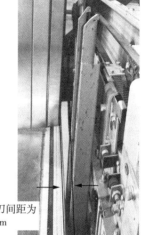

层门地坎与轿厢地坎间距为25～35 mm

层门地坎与门刀间距为 5～10 mm

图 4-2　层门地坎与轿门地坎、门刀的水平距离

国标链接

地坎应高出装修地面（包括地毯）2～5 mm，应将仅抹灰的地平面做成 1/100～1/50 的过渡斜坡。

层门地坎应具有足够的强度，地坎上表面宜高出装修后的地平面 2～5 mm。

在开门宽度方向上，地坎表面相对水平面的倾斜度不应大于 2/1000。

层门地坎至轿厢地坎之间的水平距离偏差为 0～3 mm，且距离严禁超过 35 mm。

轿厢地坎与层门地坎间的水平距离不应大于 35 mm，在有效开门宽度范围内，该水平距离的偏差为 0～3 mm。

层门门锁与轿厢地坎之间的间隙应为 5～10 mm。

▶ **活动二：更换层门导轨**

导轨的作用是保证层门门扇沿着水平方向做直线往复运动。层门导轨有板状和槽状两种。因开门方式有中分式和旁开式，故层门导轨有单根和双根之分。安装步骤如下。

1. 层门导轨用螺栓固定在层门立柱上。安装时，要吊放铅垂线与层门地坎找正垂直。层门导轨和地坎的测量如图 4-3 所示。

2. 调整层门导轨横向水平度。若是双根层门导轨，两层门导轨的上端面应在同一水平面上。

3. 立柱与导轨调节达到要求后，应将门立柱外侧与井道间的空隙填实，防止受冲击后立柱产生偏差。

4. 导轨固定前应试装门扇，实测导轨和地坎的距离是否合适，否则应调整。导轨的表面或滑动面应光滑平整、清洁，无毛刺、尘粒、铁屑。

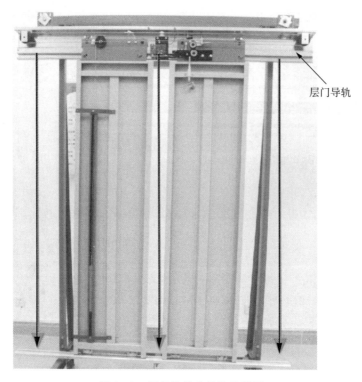

层门导轨

图 4-3　层门导轨和地坎的测量

国 标 链 接

1. 层门导轨与地坎槽相对应，即在导轨两端和中间 3 处的间距偏差 a 均不大于 $\pm 1\,\text{mm}$（图 4-3）。

2. 导轨 A 面对地坎 B 面的不平行度不应超过 $1\,\text{mm}$。

3. 导轨截面的不垂直度 b 不应超过 $0.5\,\text{mm}$。导轨铅垂度的测量如图 4-4 所示。

▶ 活动三：安装层门门扇

安装层门门扇步骤如下：

1. 将门滑轮放入层门导轨中，同时将门扇放置在相应的地坎上，在门扇下端两侧与地坎之间分别垫上 4～6 mm 的垫块，以保证门扇与地坎面之间的间隙适当。

2. 用螺栓将门滑轮（座）与门扇连接，并通过加减垫片来调整门扇下沿与地坎面的间隙，垫片总厚度不得大于 5 mm，垫片面积与滑轮座面积相同。

3. 拆除垫块，将门滑块插入地坎的凹槽中试滑，合适后安装在门扇下端，其侧面与地坎

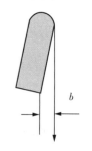

图 4-4　导轨铅垂度的测量

槽的间隙适当。

4. 通过门扇上吊门滚轮架与门扇间的连接固定螺栓，调整门扇与门扇、门扇与门套之间的间隙。

5. 通过吊门滚轮架上的偏心挡轮，调整偏心挡轮与导轨下端间的间隙 d，使之不大于 0.5 mm。门扇的安装及调整如图 4-5（彩插图 E1）所示，使门扇运行平稳、无跳动。

6. 在门扇未装联动机构前，在门扇中心处沿导轨的水平方向左右拉动门扇，使其拉力 F 不大于 3 N。门扇拉力测量如图 4-6 所示。

图 4-5　门扇的安装及调整

图 4-6　门扇拉力测量

国标链接

1. 水平滑动门间隙：中分门不大于 2 mm，双折中分门不大于 3 mm，防火层门遵照制造厂技术要求。

2. 门滚轮及其相对运动部件，在门扇运动时应无卡阻现象。

3. 乘客电梯层门门扇之间、门扇与门柱、门扇与门楣、门扇下端与地坎之间的间隙一般为 1～6 mm。层门板安装实物如图 4-7 所示。

4. 门刀与地坎的间隙为 5～10 mm。

5. 门扇挂架的偏心挡轮与导轨下端面之间的间隙应不大于 0.5 mm。

6. 对于水平滑动的门，在其开启方向上，用 150 N 的人力作用在使缝隙最易增大的作用点上，其缝隙可以超过 6 mm，但不得大于 30 mm。

门扇间隙为
1~6 mm

门扇与立
柱间隙为
1~6 mm

门扇与地
坎间隙为
1~6 mm

图 4-7　层门板安装实物

▶ 活动四：安装层门门锁

门锁是电梯重要的安全装置。门锁除了具备锁门功能，使层门只有用钥匙才能在层站外打开外，还具备电气联锁的作用。只有各层门被确认都处于关闭状态时，电梯才能启动运行；同时，在电梯运行中，任一层门被打开，电梯都会立即停止运行。

图 4-8（彩插图 E5）为常见的撞击式机械门锁，它与垂直安装在轿门外侧顶部的门刀配合使用。电梯到达开门区时，门刀能准确地插入门锁的两个滚轮中间，通过门刀的横向移动打开（或闭合）门锁，并带动层门打开（或关闭）。门刀的端面与各层门地坎间的间隙，各层机械电气联锁装置的滚轮与轿厢地坎间的间隙应为 5~8 mm。

安装层门门锁步骤如下。

一、安装层门门锁准备工作

1. 安装前应对锁钩、锁臂、滚轮、弹簧等按要求进行调整，使其灵活可靠。

2. 门锁和门安全开关要按图样规定的位置进行安装。若设备上安装螺孔不符合图样要求，要进行修改。

3. 调整层门门锁和门安全开关，使其达到：锁钩必须动作灵活，在证实锁紧的电气安全装置动作之前，确认锁紧元件的最小啮合长度为 7 mm。

如门锁固定螺孔为可调的，门锁安装调整就位后，必须加定位螺栓，防止门锁移位。

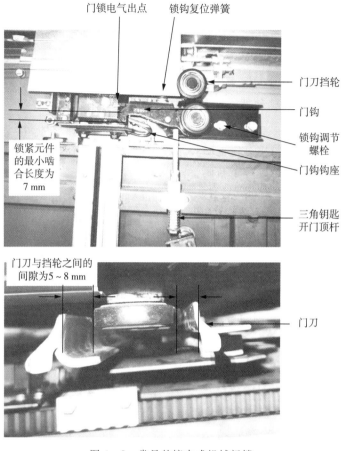

图 4 - 8 常见的撞击式机械门锁

4. 当轿门与层门联动时，钩子锁应无脱钩及夹刀现象，在开关门时应运行平稳，无抖动和撞击声。

5. 在门扇装完后，应将强迫关门装置装上，使层门处于关闭状态。层门应具有自闭能力。

6. 层门手动紧急开锁装置应灵活可靠，每个层门均应设置。

7. 凡是需埋入混凝土中的部件，一定要经有关部门检查并办理隐蔽工程手续后，才能浇灌混凝土。不准在空隙砖或泡沫砖墙上用灌注混凝土方法固定部件。

8. 层门各部件若有损坏、变形，要及时修理或更换，合格后方可使用。

9. 在层门调好后，应将连接件长孔处的垫圈点焊固定，以防位移。

二、安装门锁

1. 将轿厢停在顶层，从轿门的门刀顶面中心沿井道悬挂放下一根铅垂线至底坑并固定，作为安装各层门锁的基准线。

2. 在各层门上装门锁和微动开关，并进行初步调整。

3. 让电梯慢车运行，精确调整门锁位置，使门刀插入时准确无误并无撞击。安装人员站在轿顶上精心调整，使每层的门锁都在同一条垂线上。将各层厅门门锁装好后，应再次慢车运行，仔细调整门锁位置，然后将门锁螺栓紧密固定。

三、调整门锁

门锁安装时应注意以下两点：一是拉簧的位置要合适，使滚轮在翻转后，其中心高于滚轮座的中心，同时保证拉力不松弛；二是电气开关的触点应灵活可靠。

门锁装好后将主机和开门机接上电源并慢车运行，平层后立即停车，然后启动开门机。这里要注意检查门刀是否准确地插入滚轮之中。开门机启动后，仔细观察（站在轿厢顶上）轿门和厅门开动的情况，发现异常立即停止。观察门锁的动作，该层调整后，轿厢慢车运行至下层。当轿厢行至上层层门中心以下时，将主机停车，人站在轿厢顶上用力扳动层门，安装正常时门应紧闭扳不开，否则应重新调整。

国标链接

根据门锁的类型及其原理，按照下列要求进行安装：

1. 层门锁钩、锁臂及动触点应动作灵活，在电气装置动作之前，锁紧元件的最小啮合长度为 7 mm；

2. 门锁滚轮与轿厢地坎之间的间隙应为 5～10 mm；

3. 门刀与门锁滚轮之间应有适当的间隙，轿厢运行过程中，门刀不能擦碰滚轮；

4. 开锁三角口安装好后，应用钥匙试开，检查层门外开锁的有效性和可靠性。

门锁安装完后，就可以进行从动门电气装置的安装和强迫关门装置的安装。强迫关门装置一般分为重锤式和弹簧式两种。弹簧式强迫关门装置结构简单，因而较为常用。

知识巩固

一、填空题

1. 电梯门系统包括_____和_____。

2. 层门由_____、_____、_____、_____、_____、_____等结构组成。

3. 层门都设有_____，由_____或_____组成。当层门非正常打开时能_____使厅门自动锁闭。

4. 电梯门按照结构形式可分为_____、_____和_____三种，且层门必须与轿门为同一类型。

5. 中分式层门两门扇间的门缝呈"V"形，主要是由_____引起的。

二、选择题

1. 层门关好后，机锁应立即将门锁住，锁钩电气触点刚接触，电梯能够启动的锁紧件啮合长度至少为（　　）。

A. 5 mm　　　　　B. 6 mm　　　　　C. 7 mm　　　　　D. 8 mm

2. 门系统的开锁区域不应大于层站地平面上下（　　）。

A. 0.1 mm　　　　B. 0.2 mm　　　　C. 0.3 mm　　　　D. 0.4 mm

3. 在用机械方式驱动轿门和层门同时动作的情况下，开锁区域可增加到不大于层站地平面上下的（　　）。

A. 0.15 mm   B. 0.25 mm   C. 0.35 mm   D. 0.45 mm

三、问答题

1. 简要分析层门门扇垂直度产生偏差的原因和排除门扇垂直度偏差的方法。

2. 简述门锁与锁座之间的间隙及锁钩与锁座的啮合深度的调整方法。

【知识巩固】参考答案

 学 习 评 价 表

表 4-1 层门地坎、导轨的安装观察清单（评价表）

第____组　　姓名：_____　　第____号工位

序号	工序	观察点	分值/分	组内	组间	教师
1	安装层门地坎	地坎应高出装修地面（包括地毯）2~5 mm	5			
2		在开门宽度方向上，地坎表面相对水平面的倾斜度不应大于 2/1000	5			
3		层门地坎与轿厢地坎之间的水平距离偏差为 0~3 mm	5			
4		轿厢地坎与层门地坎间的水平距离不应大于 35 mm	5			
5		层门门锁与轿厢地坎之间的间隙应为 5~10 mm	5			
6	安装层门导轨	导轨 A 面对地坎 B 面的不平行度不应超过 1 mm	5			
7		导轨截面的不垂直度 b 不应超过 0.5 mm	6			
8	安装层门门扇	门刀与地坎的间隙为 5~10 mm	6			
9		门扇挂架的偏心挡轮与导轨下端面之间的间隙应不大于 0.5 mm	6			
10	安装层门门锁	层门锁钩、锁臂及动触点应动作灵活，在电气装置动作之前，锁紧元件的最小啮合长度为 7 mm	6			
11		门锁滚轮与轿厢地坎之间的间隙应为 5~10 mm	6			

（续表）

序号	工序	观察点	分值/分	组内	组间	教师
12	职业素养	工具摆放整齐，正确使用工具	10			
13		自觉遵章守纪	10			
14		积极参与教学活动	10			
15		与同学协作融洽，沟通良好	10			
	合计		100			

任务二　维修轿门系统

【案例】

在光明小区 5 号电梯处，乘客运输装修材料时，把重物集中堆放在轿门侧。电梯在运行的过程中突然发出"当"的撞击声，电梯停止运行，并出现困人现象。技术员查看，发现轿门门刀严重变形。

▶ 活动一：更换轿门

本活动以更换中分式自动轿门为例。中分式自动轿门实物如图 4-9（彩插图 E2）所示。

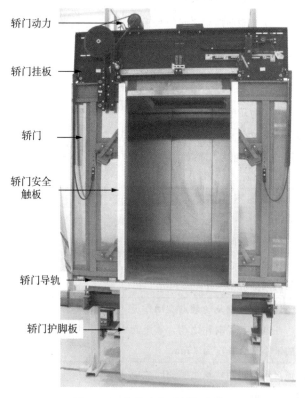

轿门动力
轿门挂板
轿门
轿门安全触板
轿门导轨
轿门护脚板

图 4-9　中分式自动轿门实物

将门滑轮悬挂在轿门导轨上，下部通过门滑块与轿门地坎配合。轿门形式一般分为中分式、双折式、栅栏式。

安装步骤如下：

1. 连接轿门上坎导轨的左、右连接脚头与轿顶；

2. 用螺栓固定轿门上坎导轨；

3. 装上门滑轮，挂上轿门，装好轿门滑块。

▶ 活动二：安装轿门动力结构

轿门动力结构一般由直流电机、减速机构和开门结构组成，具有多种多样的形式。按门进行分类，开门机有中分式自动开门机和旁开式自动开门机等，一般安装在轿厢顶上。

中分式自动开门结构一般为曲柄摇杆和摇杆滑动机构的组合，且分为单摇杆驱动和双摇杆驱动两种。图 4-10 是中分门轿门动力结构实物。

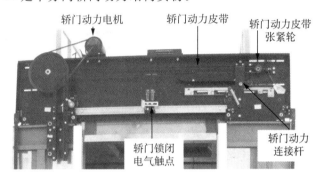

图 4-10 中分门轿门动力结构实物

安装步骤如下：

1. 确定开门机的中心位置。

2. 放置开门机，连接门机架与轿厢架的立柱和导靴板。

3. 开门机中线与轿门中线应一致，每组转动轮应在同一平面上。

4. 装上摇杆、连杆、门连杆、三角皮带等，并进行调整。

（1）皮带需张紧，皮带与皮带轮之间不允许有打滑现象。皮带的张紧可通过调节张紧轮的偏心轴和电动机底座螺栓实现。

（2）在门开关过程中，曲柄轮相应转过的角度应接近 $180°$。门闭合后，应调整门中线，使之处于净开门宽的中线位置上。

（3）在调节开关门速度时，首先把装在曲柄轮轴上的凸轮的螺钉拧松，调整凸轮机构角度位置，最后把螺钉拧紧。

5. 安装轿门开关装置，使之起到联锁作用。

先在轿门上坎上装行程开关，再在门滑轮上装打板。

调整行程开关的位置，当轿门到达闭合位置时使行程开关起作用（图 4-10）。

1. 门扇与门套、门扇下端与地坎及双折门的门锁之间的间隙：普通层门为 $4\sim8$ mm，防

火层门为 4～6 mm。

2. 水平滑动门缝隙：中分门不大于 2 mm，双折中分门不大于 3 mm，防火层门遵照制造厂技术要求。

 知 识 巩 固

一、填空题

1. 轿门由 _____、_____、_____、_____、_____ 等结构组成。

2. 在门系统中，轿门是 _____，层门是 _____。

3. 开关门结构是指 _____，又称门系统。

4. 开关门组件安装在 _____，轿门吊挂在 _____，整个轿门子系统随轿厢一起升降。

5. 当轿厢到达某一层站时，安装在 _____ 插入该层门的 _____ 中。轿门接收到开关门指令信号时，由 _____ 带动产生 _____，门刀随轿门动作，首先拨动 _____，使锁钩脱开完成层门的开锁动作；当门刀继续向开门方向运行时，通过 _____ 推动滚轮使层门向开门或关门方向运动，完成电梯层门和轿门的开关门动作。当电梯启动离开层站后，门刀 _____，此时层门门锁已锁紧，无法在层站外用手扒开层门。

二、选择题

1. 以下属于开关门结构维保要点的是（　　）。

A. 检查轿厢架与轿厢体的连接

B. 检查电梯能否在分别断开层门和轿门的电气安全装置的情况下启动

C. 检查固定对重装置中的对重块紧固件是否牢固

D. 检查轿顶轮（反绳轮）和绳头组合

2. 自动门结构的直流电动机每季度检查 _____，每年清洗 _____。　　　　　　（　　）

A. 一次　一次　　B. 两次　两次　　　　C. 一次　两次　　　　D. 两次　一次

3. 以下不属于开关门结构维保要点的是（　　）。

A. 分别断开层门和轿门的电气安全装置，检查电梯能否启动或者继续运行（对接操作、在开锁区域内和再平层时除外）

B. 检查电梯能否在分别断开层门和轿门的电气安全装置的情况下启动

C. 在轿门驱动层门的情况下，当轿厢在开锁区域之外时，检查开启的层门在外力消失后能否自闭

D. 检查轿顶轮（反绳轮）和绳头组合

三、问答题

1. 分析"电梯门关闭后，选层、定向等各项显示正常，但电梯无法启动运行"的故障原因。

2. 简述上题故障的排除方法。

【知识巩固】参考答案

学习评价表

表4-2 轿门及自动门机构的安装评价表

第___组 姓名：_____ 第___号工位

序号	工序	观察点	分值/分	组内	组间	教师
1	安装中分式轿门	连接轿门上坎导轨的左、右连接脚头与轿顶	10			
2		用螺栓与门口方管固定轿门上坎导轨	10			
3		装上门滑轮，挂上轿门，装好轿门滑块	10			
4	安装中分式自动开门机	确定开门机的中心位置	6			
5		放置开门机，连接门机架与轿厢架的立柱和导靴板	6			
6		开门机中线与轿门中线应一致，每组转动轮在同一平面内	6			
7		装上摇杆、连杆、门连杆、三角皮带等，并进行调整	6			
8		安装轿门开关装置，使之起到联锁作用	6			
9	职业素养	工具摆放整齐，正确使用工具	10			
10		自觉遵章守纪	10			
11		积极参与教学活动	10			
12		与同学协作融洽，沟通良好	10			
	合计		100			

拓展阅读 电梯从业人员职业素养

电梯属于特种设备，特种设备需要专业的职业素养：细心的维护保养、精益求精的调试等专业技能才能保障电梯稳定运行，非常强的质量意识和社会责任心才能赢得消费者的青睐，敏锐的安全观、紧密的团队协作能力才能保护维保人员及乘客的生命安全，学无止境的精神、不断革新的意志才能适应电梯技术的发展。

项目五　电梯重量平衡系统的维修

在电梯运行中，为了平衡轿厢系统的重量，减小曳引轮力矩，提高电梯曳引机输出效率，需要配置电梯重量平衡系统。

电梯重量平衡系统主要由对重和重量平衡系统组成。其作用是平衡轿厢重量和减弱高层电梯中曳引绳重量所带来的影响。通常在旧梯改造时更换对重和重量平衡系统，明确类型与构成后按照流程逐项操作。

任务一　更换对重

【案例】

乘客反馈阳光小区 15 号电梯运行到中间楼层时经常听到撞击的声音，技术人员检查后发现对重压板固紧螺钉脱落，对重块在电梯运行过程中晃动，导致个别水泥对重块断裂。

▶ 活动一：明确对重装置的类型及其构成

对重装置主要由对重架、对重块、导靴、碰块及与轿厢相连的曳引绳和对重轮（指曳引比为 2∶1 的电梯）等组成。各部件安装位置如图 5-1（彩插图 E6）所示。

▶ 活动二：更换对重块

更换对重块步骤如下。

1. 准备吊装前的工作。

（1）在对重缓冲器两侧各支一根 100 mm×100 mm 的方木。方木高度 $H=A+B+C$（C 表示越程距离）。越程距离见表 5-1 所列。

表 5-1　越程距离

电梯额定速度/（m/s）	缓冲器形式	越程距离/mm
0.5~1.0	弹簧或聚氨酯	200~350
>1.0	油压	150~400

（2）利用检修慢车移动对重至最低位置，并将轿厢移动到最高层站，直到缓冲器两侧的方木能稳固支撑对重。

（a）对重系统底部　　　　　　　　　　　（b）对重系统顶部

图 5-1 各部件安装位置

（3）在机房楼板承重梁位置横向固定一根不小于 $\phi 50$ mm 的钢管，由轿厢中心对应的楼板预留孔洞中放下钢丝绳扣，悬挂一只 2～3 t 的环链手动葫芦，以吊固轿厢（图 3-2）。

（4）在地坑搭建脚手架操作平台，高度与对重高度基本一致，这样适合搬运对重块。

（5）在适当高度（以方便吊装对重为准）的两个相对的对重导轨支架上拴好钢丝绳扣，在钢丝绳扣中点悬挂一条倒链。钢丝绳扣应拴在导轨支架上，不可直接拴在导轨上，以免导轨受力后移位变形。

（6）若导靴为滚轮式，要将 4 个导轮都拆下；若导靴为弹簧式或固定式，要将同一侧的上、下两个导靴拆下，并拆下对重压板。

（7）在操作平台上，操作倒链，缓缓地将对重框架吊起到预定高度，并拆除对重上横支架。

2．吊装对重块。

在操作平台上，操作倒链，卸下需要更换的对重块，吊装新的对重块。装入的对重块数应根据下式求出：

装入的对重块数＝（轿厢自重＋额定载重）×0.5－对重架重/每个砣块的重量

按厂家设计要求装上对重砣块防振装置或防跳安全件。

3．安装、调整对重导靴。

4．安装对重压板，固定对重砣块。

当电梯的速度大于 3.5 m/s 时，必须在最上面的对重块在顶面中心安装防跳安全件（对重压板）。

5．撤除倒链、操作平台、轿厢手动葫芦。

一、填空题

1. 电梯重量平衡系统的作用是_____，
是_____。

2. 对重由_____、_____、_____等结构组成。

3. 对重是_____，在曳引式电梯运行过程中保持曳引力的装置。

4. 对重块的材料通常为铸铁，对重铁块的大小以便于安装或维修人员搬动为宜。一般每一块质量为_____kg。

5. 检查对重块框架上的导轮轴及导轮的润滑情况，每_____应加润滑油一次。

二、选择题

1. 检查对重下端距离对重缓冲器的高度：当轿厢在顶层平层位置时，如果是弹簧缓冲器，其对重下端与对重缓冲器顶端的距离应为（   ）；如果是液压缓冲器，应为（   ）；如果距离太近，应截短曳引绳。

A. 180～230 mm   160～410 mm   B. 200～250 mm   150～400 mm

C. 180～230 mm   150～400 mm   D. 200～250 mm   160～410 mm

2. 以下不属于对重检查的是（   ）。

A. 检查固定对重装置中的对重块紧固件是否牢固

B. 检查对重滑动导靴的紧固情况及滑动导靴的间隙是否符合规定要求；检查对重滑动导靴有无损伤和缺润滑油

C. 检查补偿绳（链）尾端与轿厢底和对重底的联结是否牢固，紧固螺栓有无松脱，夹紧有无移位等

D. 对重架上装有安全钳的，应对安全钳装置进行检查，传动部分应保持动作灵活可靠

3. 曳引式电梯的平衡系数应为（   ）。

A. 0.3～0.6   B. 0.2～0.5

C. 0.7～0.8   D. 0.4～0.5

三、问答题

1. 简述对重检查的要点。

2. 简述对重维保的要点。

【知识巩固】参考答案

表 5-2 对重的安装观察清单（评价表）

第____组   姓名：_____   第____号工位

序号	工序	观察点	分值/分	组内	组间	教师
1	准备吊装前的工作	对重装置宜在底层进行安装	5			
2		在适当高度（以方便吊装对重为准）的两个相对的对重导轨支架上拴好钢丝绳扣	5			
3		在对重缓冲器两侧各支一根方木（100 mm×100 mm）	10			
4	吊装对重框架	将对重框架运到操作平台上，用钢丝绳扣将对重绳头和倒链勾连在一起	10			
5		操作倒链，缓缓地将对重框架吊起到预定高度	10			
6	安装、调整对重导靴	保证内衬与导轨端面间隙上下一致	10			
7	安装及固定对重砣块	装入相应数量的对重砣块	10			
8	职业素养	工具摆放整齐，正确使用工具	10			
9		自觉遵章守纪	10			
10		积极参与教学活动	10			
11		与同学协作融洽，沟通良好	10			
	合计		100			

任务二 维修重量补偿装置

【案例】

阳光小区 4 号电梯共有 18 层，速度为 1.5 m/s。乘客反馈在底层站等待电梯时听到刺耳的刮碰声，技术人员经检查发现电梯补偿链伸长并刮碰到地面发出异响声，并且补偿链已经被严重磨损。

▶ 活动一：明确补偿装置类型及其构成

补偿装置有补偿链和补偿绳两种。

补偿链以铁链为主体，悬挂在轿厢与对重下面。为了减小运行中铁链碰撞引起的噪声，通常在铁链中穿上旗绳（麻绳）。这种装置一般用于速度小于 1.75 m/s 的电梯。

目前广泛采用的是对称补偿法，即补偿装置的一端挂在轿厢底部，另一端挂在对重底部。补偿链示意图如图 5-2 所示。

采用钢丝绳作补偿时，应在井道底坑布设张紧装置。补偿绳的张紧装置（图 5-3）由张紧轮等组成。

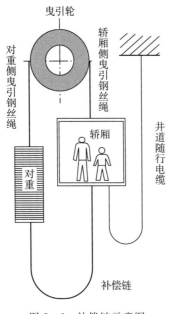

图 5-2　补偿链示意图

图 5-3　补偿绳的张紧装置

张紧装置设有导轨。在电梯运行时，张紧装置必须能沿着导轨上下自由移动。因此，张紧装置必须要有足够重量，以张紧补偿绳。导轨的上部装有一个行程开关。在电梯正常运行时，张紧轮处于垂直浮动状态，只转动而不上下移动。当电梯发生蹾底时，对重在惯性力作用下冲向楼板，张紧轮就会顺着导轨被提起，导轨上部的行程开关动作，切断电梯控制电路。

▶ 活动二：更换补偿链

更换补偿链步骤如下：

1. 补偿链一端通过活络接头与对重柜架底不影响缓冲器作用的部位相连接。

2. 补偿链另一端与轿架下面的拉链板相连接，拉链板用底道板固定在下梁下。对于客梯来说，拉链板伸出的方向应为指向对重的一侧。

国 标 链 接

1. 在吊挂装置上紧固补偿链时，链条至少要绕两圈，把螺栓装在尽可能靠近管子的地方。

2. 补偿链选用的总长度 L ＝提起高度＋6500 mm。

3. 安装补偿链时不得有扭转，应在安装前在链环之间穿入麻绳。

4. 补偿链在运行过程中不得与轿厢及其他井道设备发生擦剐。

5. 补偿链的最低点与坑底地面之间的最小距离为 200 mm。

6. 为防止轿厢位于底层时，补偿链与轿底边相碰发出声音，可在对重导轨上装上补偿链导向装置，并使补偿链绕过该装置。导轨位置、链条垂度及对重最深位置的确定如图 5-4 所示。

7. 补偿链导向装置离对重装置底部的最小距离为 300 mm。

8. 补偿链应在导向装置的导向轮槽内滚动。补偿链环之间应当用润滑剂进行润滑。

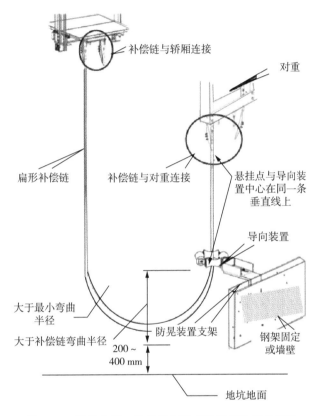

图 5-4　导轨位置、链条垂度及对重最深位置的确定

一、填空题

1. 对称补偿装置是_____。

2. 平衡补偿装置有_____、_____和_____三种。

3. 补偿链的特点是_____，_____，可适用各种_____的补偿装置。

4. 常见的补偿绳安装形式包括_____、_____和_____。

5. 补偿缆是最近几年发展起来的新型的、高密度的补偿装置。补偿缆中间有_____，中间填塞物为_____，形成圆形保护层，链套采用具有_____的聚乙烯护套。这种补偿缆_____，_____，可适用各种中速、高速电梯的补偿装置。

二、选择题

1. 补偿链一般使用在运行速度等于或小于（　　）的电梯上。

A. 2.5 m/s B. 3 m/s

C. 4 m/s D. 5 m/s

2. 补偿绳常用于速度大于（　　）m/s的电梯。

A. 1.5 m/s B. 1.65 m/s

C. 1.75 m/s D. 1.85 m/s

3. 补偿绳（链）过长时要（　　）。

A. 清洗或维修 B. 直接更换

C. 调整或裁截 D. 清洗并注油

三、问答题

1. 请回答三种常见的补偿绳的结构、特点和适用场合。

2. 简要回答补偿装置检查要点。

【知识巩固】参考答案

学习评价表

表5-3　补偿装置的安装观察清单（评价表）

第___组　　　姓名：_____　　　第___号工位

序号	工序	观察点	分值/分	组内	组间	教师
1	更换补偿链	补偿链的最低点与坑底地面之间的最小距离为200 mm。	15			
2		补偿链导向装置离对重装置底部的最小距离为300 mm。	15			
3		补偿链选用的总长度 L＝提起高度＋6500 mm	15			
4		两导轨全高垂直度应小于1/1000，导靴与导轨端之间的间隙 c 为1～2 mm，两导轨表面距离的偏差为0～2 mm	15			
5	职业素养	工具摆放整齐，正确使用工具	10			
6		自觉遵章守纪	10			
7		积极参与教学活动	10			
8		与同学协作融洽，沟通良好	10			
	合计		100			

 **电梯作业人员标准意识**

　　电梯运载乘客同行，涉及乘客生命安全，为此国家发布了《电梯维护保养规则》（TSG T5002—2017）、《电梯制造与安装安全规范　第 1 部分：乘客电梯和载货电梯》（GB/T 7588.1—2020）、《电梯制造与安装安全规范　第 2 部分：电梯部件的设计原则、计算和检验》（GB/T 7588.2—2020）、《电梯试验方法》（GB/T 10059—2009）等电梯制造、安装、维修、保养等方面的标准。电梯制造、安装、维修、保养等作业人员，需要不断提升自己的技能，对工作要求源于标准、高于标准，升华"工匠精神"。

项目六　电梯拖动系统的维修

电梯曳引机系统的曳引机需要电梯拖动系统控制。电梯拖动系统由供电系统、速度反馈装置、电动机调速装置组成。其主要作用是提供动力，并控制电梯的速度。

任务一：供电系统故障主要涉及电源箱、相序继电器、变压器及线路，以上因素都会影响电梯控制柜通电。

任务二：速度反馈装置能够即时检测轿厢运行速度，将其转变为电信号，出现故障时会影响电梯运行。例如，默耐克系统在速度反馈装置出现故障时会报"E20"，同时电梯无法运行。

任务一　维修供电系统（控制电源）

【案例】

大唐小区 11 号电梯在运行过程中突然停梯困人，内呼、外呼均无响应，同时没有显示。

▶ 活动一：制订维修供电系统（控制电源）计划

电梯控制电源电路如附录中图 A1 所示。

步骤一：明确电源控制回路工作原理中的关键信息。

电梯控制电源电路中三相交流电 L1、L2、L3 由市电网供电 380 V 交流电压；经开关配电箱总电源开关 QPS、断路器 NF1，分成两路电路，一路送到相序继电器 NPR，一路经熔断器 FU1 送到主变压器 TR1 380 V 输入端。经主变压器 TR1 降压后，分成四路电压输出，结合全部电气原理图分析，四路电压输出分别为：

1. 经过熔断器 FU2、断路器 NF3，给电梯安全回路供电，电压是 110 V 交流电压；

2. 经过熔断器 FU2、整流器交流 AC/直流 DC 转换、断路器 NF4，给电梯抱闸回路供电，电压是 110 V 直流电压；

3. 经过断路器 NF2、安全接触器 MC，给 201、202 回路供电，电压是 220 V 交流电压；

4. 经过断路器 NF2，给开关电源 SPS 供电，电压是 220 V 交流电压，开关电源 SPS 再输出 P24 的 24 V 直流电压。

步骤二：判断故障范围。

维修人员到机房，打开总电源箱，查看电源供电情况；打开机房控制柜，查看各路空气漏电开关工作情况，测量各路空气漏电开关供电情况。控制柜各路开关实物图如图 6-1 所示。各项目检查流程如下。

图 6-1 控制柜各路开关实物图

1. 观察，回答问题。

（1）总电源箱电源开关是否上闸送电？

（2）相序继电器工作灯是否正常亮起？

（3）主变压器 TR1 各路输出端断路器是否合上？

2. 测量，回答问题。

使用万用表正确的挡位及量程，测量如下。

（1）断路器 NF3/2 是否有 110 V 交流电输出？是/否（　　）。

测量时，万用表挡位为交流挡，量程为 200～500 V，万用表黑表笔放置位置（即参考点），可以选主变压器 TR1 输出端 110 VN、地线、安全接触器 MC. A2、门锁继电器 JMS14、运行接触器 CC. A2、抱闸接触器 JBZ. A2 中的任何一点。

（2）断路器 NF4/2 是否有 110 V 直流电输出？是/否（　　）。

测量时，万用表挡位为直流挡，量程为 200～500 V，万用表黑表笔放置位置（即参考点），可以选主变压器 TR1 输出端 DC_、抱闸接触器 JBZ. 4 中的任何一点。

（3）断路器 NF2/2 是否有 220 V 交流电输出？是/否（　　）。

测量时，万用表挡位为交流挡，量程为 250～500 V，万用表黑表笔放置位置（即参考

点），可以选主变压器 TR1 输出端 220 VN、开关电源 SPS.N、线号 202 中的任何一点。

（4）开关电源 SPS/V+ 端是否有直流 24V 电输出？是/否（　　）。

测量时，万用表挡位为直流挡、量程为 50～100 V，万用表黑表笔放置位置（即参考点），可以选开关电源 SPS.V−、线号为 COM 端中的任意一点。

以上四路输出电路中，如果有一路及以上电路无电压输出，就可判断为电源控制回路故障。

步骤三：明确电源控制回路检测流程。

电源控制回路检测流程如图 6-2 所示。

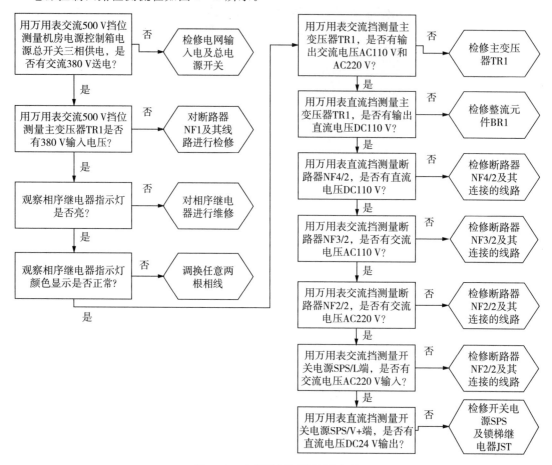

图 6-2　电源控制回路检测流程

▶ 活动二：维修供电系统（控制电源）

根据制订的维修计划，结合电源控制回路检测流程图，采用电阻测量法、电压测量法，判断故障点位。

步骤一：明确测量要点。

1. 采用电阻法测量相关线路时，务必关闭所有电源。若所测一段线路，或者开关两端的电阻值为零，则代表所测线路接通；若电阻值为无穷大，则代表所测线路断路，需要接通修复。指针万用表挡位选择欧姆挡最小量程、数字万用表挡位选择蜂鸣挡或者欧姆挡最小量程。

2. 采用电压测量法测量相关测量点时，将万用表红色表笔放在测量点上，黑色表笔放在参考点上。参考点是指测量点所在回路的地线或者零线，若是直流电，则参考点在负极位置。

步骤二：明确电源控制回路故障分析图（图6-3）中的关键信息。

步骤三：根据图6-3检修供电系统（控制电源）。

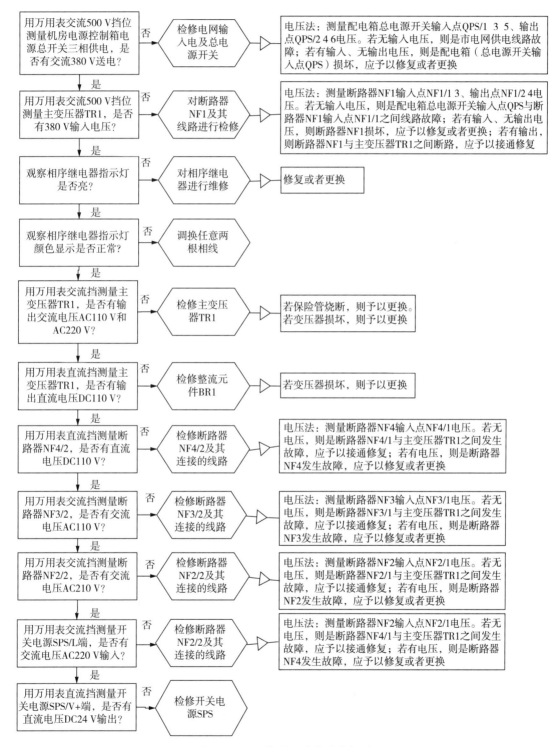

图6-3　电源控制回路故障分析图

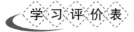

一、填空题

1. 电梯的电气系统按电路功能可分为_____、_____、_____、_____、_____和_____等。

2. 电源电路的作用是将市电网电源经_____配送到_____、_____和_____等，为电梯各电路提供合适的电源电压。

3. 电梯电气故障的类型有：_____、_____、_____及_____。

4. 查找故障现象的方法有：_____；通过_____。

5. 电梯电气故障的常用检查方法有_____、_____、_____、_____及_____。

二、选择题

1. 主变压器的输出电压不包括(   )。

A. AC110 V   B. DC110 V   C. AC220 V   D. AC380 V

2. 开关电源的输出端不包括(   )。

A. P24   B. N24   C. COM   D. CC. 13

3. 在供电系统中，负责主变压器供电的断路器是(   )。

A. NF1   B. NF3   C. NF2   D. NF4

三、问答题

1. 请回答机房电气控制柜电源电路工作原理。

2. 简述机房电气控制柜供电电源检查的步骤与方法。

【知识巩固】参考答案

学习评价表

该部分表格详见附录中表 B1。

任务二　维修速度反馈装置

【案例】

案例 1：一台电梯平层不准确，在运行行程中有振动现象，现场无法排除故障。后来技术人员经过检查，发现编码器连接线有破损，更换连接线后故障消除。

案例 2：一台电梯在进行空轿厢安全钳-限速器联动试验后出现了异常现象，电梯选层启动后爬行约 50 mm 便停止。通过排查，故障原因是编码器与变频器的信号连接有虚接现象。

案例 3：1 台变频异步电梯在运行中经常突然停梯，然后自动平层后又可正常运行。经检查，该故障不是由制动回路不良所引起的，也不是由安全回路及门锁回路瞬间通断所导致的，而是由编码器被严重磨损导致电梯在运行中信号突然中断所致的。

案例4：1台电梯检修运行正常，快车运行时轿厢发生强烈的振荡，电梯有规律地上下抖动，特别是多层运行时这种现象尤为明显。技术人员在检查电梯主回路及驱动单元之后仍未找到真正原因。技术人员经询问业主，得知有人在机房清除杂物后，电梯开始出现上述现象，后对曳引机及控制柜外围着重进行检查，发现装在尾部用于测速反馈的PG接地铜皮扭曲变形，使得电梯在运行中电机轴与编码器的轴套不同心，后重新加工1片连接铜片，更换后故障现象消除。

▶ 活动一：认识电梯速度反馈装置

步骤1：认识电梯速度反馈装置。

我国VVVF拖动电梯采用的速度反馈装置多是旋转编码器（图6-4）。

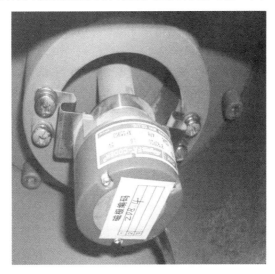

图6-4　旋转编码器

步骤2：认识电梯速度反馈装置——旋转编码器结构。

旋转编码器由光栅盘（又叫分度码盘）和广电检测装置（又叫接收器）组成。

步骤3：认识电梯速度反馈装置——旋转编码器工作原理。

旋转编码器主要用于监测电梯的速度，从而实现闭环控制。电梯控制系统通过旋转编码器检测转速，并通过计算来获得轿厢直线运动数据，有的电梯还通过旋转编码器测速并配合抱闸装置来实现上行超速保护。

▶ 活动二：判断电梯速度反馈装置——旋转编码器故障

旋转编码器信号线虚接、码盘磨损、编码器轴套与电机轴不同心等，都会造成旋转编码器信号的丢失，而这类故障都会引起电梯非正常运行。

步骤1：排除（搬离、关闭、隔离）干扰源。

步骤2：判断电梯速度误差是否为机械间隙累计误差。

步骤3：判断故障是否为控制系统和旋转编码器的电路接口不匹配。

▶ 活动三：更换电梯速度反馈装置——旋转编码器

步骤 1：卸开电机后盖，找准旋转编码器所在的位置。

步骤 2：松开旋转编码器表面盖子的螺丝。

步骤 3：旋转电机转子轴，使旋转编码器转子上的标志和旋转编码器壳上的标志重合。

步骤 4：卸下旋转编码器，尽量使用特制螺丝把旋转编码器顶出来，这样不损坏内部旋转编码器的结构。

步骤 5：旋转新的旋转编码器，调整旋转编码器的位置，使旋转编码器与旋转编码器壳上标志吻合。

步骤 6：安装旋转编码器。

知识巩固

一、填空题

1. 目前电梯上使用的速度反馈装置绝大部分采用两种类型的增量式光电编码器：_____和_____。

2. _____输出 A/B 两路信号，其相位相差_____°（度），控制器可以检测其相位的关系，了解其旋转的方向。

3. _____输出的波形为两路的_____，其相位相差 90°，形成 SIN/COS 波形。

4. 编码器的线数：此为编码器的最重要参数，即_____。

5. 编码器的作用：_____。

二、选择题

1. 有齿曳引机上的脉冲编码器线数一般为（　　）。

A. 256　　　　　B. 640　　　　　C. 750　　　　　D. 1024

2. 无齿曳引机上的脉冲编码器线数一般为（　　）线。

A. 2000—5000　　B. 3000—7000　　C. 5000—10000　　D. 8000—12000

3. 决定旋转编码器精度的因素不包括（　　）。

A. 径向光栅的方向偏差　　　　　B. 十字线编码器相对轴承的偏心

C. 轴承径向偏差　　　　　　　　D. 非耦合连接引起的错误

三、问答题

1. 分析电梯出现平面地板不准确、在运行途中出现"跳楼"现象的原因和解决办法。

2. 某电梯空车安全装置与限速器联动试验后出现异常现象：电梯选择楼层启动后，爬行约 50 mm，然后停止。分析上述异常现象发生的原因。

【知识巩固】参考答案

学习评价表

该部分表格详见附录中表 B1。

拓展阅读　**电梯作业安全意识**

　　电梯维修保养工作期间，维保人员应加强警戒防护，确保维保期间自身、他人的人身安全，防护栏和安全警戒线必不可少。为了保证自身安全，维保人员需要严格遵守操作规程，规范佩戴安全带、安全帽，规范进入轿顶、底坑等操作空间。

　　警示案例：2015 年 3 月 16 日 23 时许，广东某学院学生小窦倚靠研究生宿舍楼 6 楼的电梯门，准备送朋友回宿舍，不料这部停用两个月的电梯门突然打开，小窦栽进电梯井后直接坠落至负二层，因伤重抢救无效离世。

项目七　电梯安全保护系统的维修

　　电梯拖动系统正常运行的首要条件是电梯安全保护系统的各部件工作正常。电梯安全保护系统主要由相序继电器、限速器、安全钳、缓冲器、急停开关、端站保护开关等组成。

　　任务一是维修电梯安全回路系统。由于回路为串接，安全回路中任意一个开关或线路出现断路都会导致安全回路断开，电梯无法正常运行。

　　任务二是维修电梯门锁回路系统。门锁回路由轿门开关与所有厅门开关串联而成，同样地，其中某一个开关故障或者线路故障都会使得门锁回路无法接通，从而影响电梯正常运行。

　　任务三是维修电梯超载限制装置。电梯超载限制装置能够及时反映电梯载荷变化情况，当即时载重量大于额定载重量110%时超载开关动作。若在此时没能动作则有重大安全隐患，其原因可能是开关故障或者线路故障。

　　任务四是维修电梯端站限位开关装置。端站限位开关有强迫缓速开关、限位开关和极限开关。开关老化，线路短路、断路及位置不合适都会造成电梯不正常工作。

任务一　维修电梯安全回路系统

【案例】

　　某学校实训 2 号电梯无法正常运行和检修运行。技术人员查看电梯状态，发现电梯安全接触器不吸合，主板信号灯 X25 不亮。

▶ **活动一：制订维修计划**

　　步骤一： 分析附录中图 A2 安全及门锁控制回路，明确安全回路开关及其作用（表 7-1）。

表 7-1　安全回路开关及其作用

序号	开关名称	作用	所在空间
1	相序继电器	断相、错相保护	机房
2	控制柜急停	维修时切断安全回路电源	机房
3	盘车轮开关	盘车时切断安全回路电源	机房
4	上极限开关	冲顶时切断安全回路电源	井道

（续表）

序号	开关名称	作用	所在空间
5	下极限开关	冲底时切断安全回路电源	井道
6	缓冲器开关	蹾底时切断安全回路电源	井道
7	限速器开关	电梯超速达到额定速度的115%以上时，切断安全回路电源	机房
8	安全钳开关	安全钳动作时切断安全回路电源	井道
9	轿顶急停	维修时切断安全回路电源	机房
10	轿内急停	维修时切断安全回路电源	轿厢
11	底坑上急停	进入底坑前切断安全回路电源	井道
12	底坑下急停	进入底坑时切断安全回路电源	井道
13	底坑张紧轮开关	张紧轮绳超限伸长时切断安全回路电源	井道

步骤二：分析安全回路电气原理图，明确安全回路电流流向（图 7-1）。安全回路由断路器 NF3.2 电源供电，供电电压（交流）为 110 V。

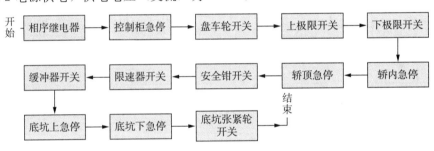

图 7-1 安全回路电流流向

步骤三：判断故障是否属于安全回路故障。

根据案例描述，维修人员进入机房，查看安全回路继电器、门锁接触器、运行接触器、抱闸接触器工作状态。接触器工作状态见表 7-2 所列。

表 7-2 接触器工作状态

序号	接触器名称	吸合（是/否）
1	安全回路继电器	
2	门锁接触器	
3	运行接触器	
4	抱闸接触器	
结论：		
判断依据：		

步骤四：明确安全回路检测流程（图 7-2）。

图 7-2 表示的是电压检测方法。如果采用电阻法，请模仿图 7-2，画出检测流程图。

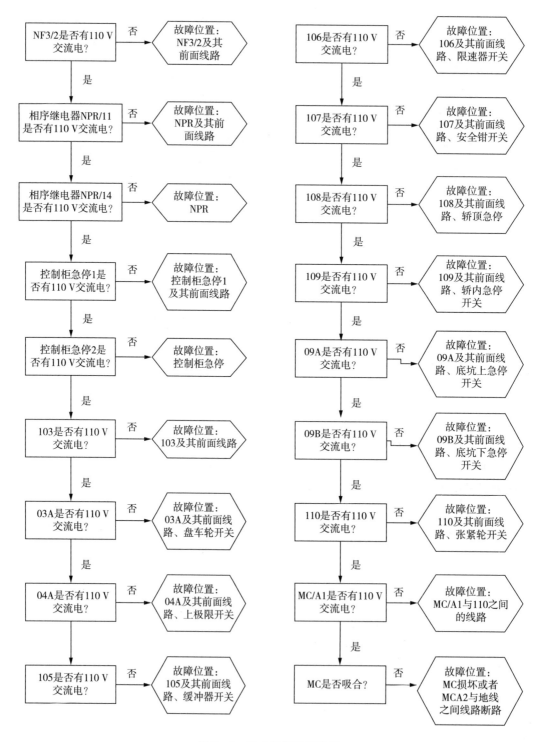

图 7-2　安全回路检测流程

步骤五：明确安全回路接触器 MC 工作条件及功能。

1. 电梯安全回路接触器 MC 工作条件：安全回路上所有电气开关及其所在线路接通。

2. 电梯安全回路接触器 MC 控制的电路：主变压器 TR1 交流 220 V 输出回路、主控系统（主板）电路 X23、变频器 RST 输入端等。

▶ 活动二：检修电梯安全回路系统

步骤一：明确测量技术。

1. 采用电阻法测量相关线路时，务必关闭所有电源。若所测一段线路，或者开关两端的电阻值为零，则代表所测线路接通；若电阻值为无穷大，则代表所测该段线路断路，需要接通修复。万用表挡位选择蜂鸣挡或者最小量程。

2. 采用电压测量法测量相关测量点时，将万用表红色表笔放在测量点上，黑色表笔放在参考点上。参考点是指测量点所在回路的地线或者零线。若是直流电，参考点则在负极位置；在附录中图 A2 中，参考点是"MC A2"或者"110VN"。万用表挡位选择交流电压挡，量程为 250～500 V。

步骤二：测量电梯安全回路系统。

根据图 7-2 逐个检测测量点，并填写表 7-3 和表 7-4。

对于电阻测量法，可以选择相序继电器 NPR14 作为参考点，或者安全回路中的任一点作为参考点。在测量点与参考点之间，无电阻值（0 Ω）与有电阻值之间的点即故障点。

表 7-3 电阻测量法任务单

检测维修内容		测量工具	检测维修值（测量值）	是否做了检测
电气安全回路机房部分	相序继电器	数字万用表、螺丝刀等	在此段安全回路中，该设备图纸中输出点相对确定的参考点电阻测量值为____Ω，正常值为_0_Ω，是否正常？____；如不正常，维修处理后测量值为_0_Ω	
	控制柜急停		电阻法测量： 在此段安全回路中，该设备图纸中输出点相对确定的参考点电阻测量值为____Ω，正常值为_0_Ω，是否正常？____；如不正常，维修处理后测量值为_0_Ω	
	限速器开关		电阻法测量： 在此段安全回路中，该设备图纸中输出点相对确定的参考点电阻测量值为____Ω，正常值为_0_Ω，是否正常？____；如不正常，维修处理后测量值为_0_Ω	
	盘车轮开关		电阻法测量： 在此段安全回路中，该设备图纸中输出点相对确定的参考点电阻测量值为____Ω，正常值为_0_Ω，是否正常？____；如不正常，维修处理后测量值为_0_Ω	

 电梯维修与保养

（续表）

检测维修内容		测量工具	检测维修值（测量值）	是否做了检测
电气安全回路底坑部分	底坑上急停	数字万用表、螺丝刀等	电阻法测量： 在此段安全回路中，该设备图纸中输出点相对确定的参考点电阻测量值为＿＿Ω，正常值为＿0＿Ω，是否正常？＿＿；如不正常，维修处理后测量值为＿0＿Ω	
	底坑下急停		电阻法测量： 在此段安全回路中，该设备图纸中输出点相对确定的参考点电阻测量值为＿＿Ω，正常值为＿0＿Ω，是否正常？＿＿；如不正常，维修处理后测量值为＿0＿Ω	
	张紧轮开关		电阻法测量： 在此段安全回路中，该设备图纸中输出点相对确定的参考点电阻测量值为＿＿Ω，正常值为＿0＿Ω，是否正常？＿＿；如不正常，维修处理后测量值为＿0＿Ω	
	下极限开关		电阻法测量： 在此段安全回路中，该设备图纸中输出点相对确定的参考点电阻测量值为＿＿Ω，正常值为＿0＿Ω，是否正常？＿＿；如不正常，维修处理后测量值为＿0＿Ω	
电气安全回路轿顶部分	轿顶急停	数字万用表、螺丝刀等	电阻法测量： 在此段安全回路中，该设备图纸中输出点相对确定的参考点电阻测量值为＿＿Ω，正常值为＿0＿Ω，是否正常？＿＿；如不正常，维修处理后测量值为＿0＿Ω	
	上极限开关		电阻法测量： 在此段安全回路中，该设备图纸中输出点相对确定的参考点电阻测量值为＿＿Ω，正常值为＿0＿Ω，是否正常？＿＿；如不正常，维修处理后测量值为＿0＿Ω	
	安全钳开关		电阻法测量： 在此段安全回路中，该设备图纸中输出点相对确定的参考点电阻测量值为＿＿Ω，正常值为＿0＿Ω，是否正常？＿＿；如不正常，维修处理后测量值为＿0＿Ω	

对于电压测量法，可以选择交流110 V零线 AC110 VN 点作为参考点，万用表黑表笔接此参考点，红表笔分别接各测量点。在测量点与参考点之间，有电压（交流110 V）与无电压（0 V）之间的点即故障点。

表 7-4　电压测量法任务单

检测维修内容		测量工具	检测维修值（测量值）	是否已测量
电气安全回路机房部分	相序继电器	数字万用表、螺丝刀等	电压测量法： 该设备接线两端测量点相对交流 110 V 零线 AC110 VN 点的电压，测量值为___ V，正常值为__交流 110 V__，是否正常？___；如不正常，维修处理后测量值为__交流 110 V__	
	控制柜急停		电压测量法： 该设备接线两端测量点相对交流 110 V 零线 AC110 VN 点的电压，测量值为___ V，正常值为__交流 110__ V，是否正常？___；如不正常，维修处理后测量值为__交流 110__ V	
	限速器开关		电压测量法： 该设备接线两端测量点相对交流 110 V 零线 AC110 VN 点的电压，测量值为___ V，正常值为__交流 110__ V，是否正常？___；如不正常，维修处理后测量值为__交流 110__ V	
	盘车轮开关		电压测量法： 该设备接线两端测量点相对交流 110 V 零线 AC110 VN 点的电压，测量值为___ V，正常值为__交流 110__ V，是否正常？___；如不正常，维修处理后测量值为__交流 110__ V	
电气安全回路底坑部分	底坑上急停	数字万用表、螺丝刀等	电压测量法： 该设备接线两端测量点相对交流 110 V 零线 AC110 VN 点的电压，测量值为___ V，正常值为__交流 110__ V，是否正常？___；如不正常，维修处理后测量值为__交流 110__ V	
	底坑下急停		电压测量法： 该设备接线两端测量点相对交流 110 V 零线 AC110 VN 点的电压，测量值为___ V，正常值为__交流 110__ V，是否正常？___；如不正常，维修处理后测量值为__交流 110__ V	
	张紧轮开关		电压测量法： 该设备接线两端测量点相对交流 110 V 零线 AC110 VN 点的电压，测量值为___ V，正常值为__交流 110__ V，是否正常？___；如不正常，维修处理后测量值为__交流 110__ V	
	下极限开关		电压测量法： 该设备接线两端测量点相对交流 110 V 零线 AC110 VN 点的电压，测量值为___ V，正常值为__交流 110__ V，是否正常？___；如不正常，维修处理后测量值为__交流 110__ V	

（续表）

检测维修内容		测量工具	检测维修值（测量值）	是否已测量
电气安全回路轿顶部分	轿顶急停	数字万用表、螺丝刀等	电压测量法： 该设备接线两端测量点相对交流 110 V 零线 AC110 VN 点的电压，测量值为____ V，正常值为 交流 110 V，是否正常？____；如不正常，维修处理后测量值为 交流 110 V	
	上极限开关		电压测量法： 该设备接线两端测量点相对交流 110 V 零线 AC110 VN 点的电压，测量值为____ V，正常值为 交流 110 V，是否正常？____；如不正常，维修处理后测量值为 交流 110 V	
	安全钳开关		电压测量法： 该设备接线两端测量点相对交流 110 V 零线 AC110 VN 点的电压，测量值为____ V，正常值为 交流 110 V，是否正常？____；如不正常，维修处理后测量值为 交流 110 V	

步骤三：修复电梯安全回路系统。

根据步骤二操作流程，判断故障位置，并修复相关电路或者元器件。

知 识 巩 固

一、填空题

1. 电梯的安全保护电路的作用：_____。

2. 电梯的安全保护电路由_____构成。

3. 若任一电器的触点因故障或在维修时人为断开，则_____，从而_____，电梯停止运行，进而起到保护作用。

4. 电梯运行的先决条件是_____。

5. 安全回路中不会影响电梯紧急电动运行的开关有_____、_____、_____、_____、_____。

二、选择题

1. 以下不属于电梯安全保护电路的是（　　）。

A. 控制柜急停开关（EST1）　　　　B. 相序继电器（NPR）

C. 安全钳开关（SFD）　　　　　　D. 断路器（NF1）

2. 可以迅速找出安全回路故障点的方法不包括（　　）。

A. 电位测量法　　　　　　　　　B. 电阻测量法

C. 短接法　　　　　　　　　　　D. 程序检查法

3. 安全回路的电压大小为（　　）。

A. AC110 V　　　B. AC380 V　　　　C. DC24 V　　　　　　D. DC220 V

三、问答题

1. 简述采用电位测量法（结合短接法）查找故障点的步骤。

2. 简述采用电阻测量法检测触点是否断开的步骤。

【知识巩固】参考答案

该部分表格详见附录中表 B1。

任务二　维修电梯门锁回路系统

【案例】

　　工人搬运货物时把重物堆积在某小区 15 号电梯轿厢的左侧。在电梯运行过程中，轿门侧突然发出碰撞声，电梯停止运行，并出现困人的现象。

▶ 活动一：制订维修计划

步骤一：分析附录中图 A2 安全及门锁控制回路，写出门锁回路开关及作用（表 7-5）。

表 7-5　门锁回路开关及作用

序号	开关名称	作用
1	顶层厅门	确保顶层厅门关闭
2	底层厅门	确保底层厅门关闭
3	轿厢门联锁	确保轿厢门关闭
4	轿厢防扒门锁	确保轿厢防扒门功能有效

　　步骤二：分析门锁回路电气原理图，门锁回路由安全回路 110 节点供电，供电电压（交流）为 110 V。明确门锁回路电流流向（图 7-3）。

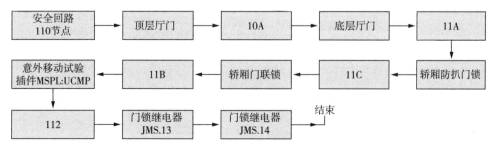

图 7-3　门锁回路电流流向

步骤三: 判断故障是否属于门锁回路故障。

根据案例描述,维修人员进入机房,查看安全回路继电器、门锁接触器、运行接触器、抱闸接触器工作状态,填表 7-6。

表 7-6 接触器工作状态

序号	接触器名称	吸合(是/否)
1	安全回路继电器	
2	门锁接触器	
3	运行接触器	
4	抱闸接触器	
结论:		
判断依据:		

步骤四: 明确门锁回路检测流程(图 7-4)。

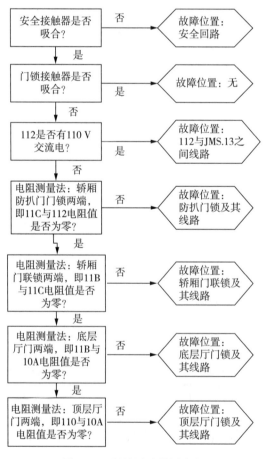

图 7-4 门锁回路检测流程

以上检测流程图表示的是电阻测量法，如果采用电压测量法，请模仿图7-4，写出检测流程。

步骤五：明确电梯门锁继电器JMS功能。

1. 电梯门锁继电器JMS工作条件：安全回路正常，门锁回路正常，门锁接触器正常。

2. 电梯门锁继电器JMS控制的电路：主控系统（主板）电路X24。

▶ 活动二：修复电梯门锁回路故障

步骤一：明确测量技术知识。

1. 采用电阻测量法测量相关线路时，务必关闭所有电源。若所测一段线路或者开关两端的电阻值为零，则代表所测线路接通；若电阻值为无穷大，则代表所测线路断路，需要接通修复。万用表挡位选择欧姆挡最小量程，数字万用表挡位选择蜂鸣挡或者欧姆挡最小量程。

2. 采用电压测量法测量相关测量点时，将万用表红色表笔放在测量点上，黑色表笔放在参考点上。参考点是指测量点所在回路的地线或者零线。若是直流电，则参考点在负极位置。在附录中图A2安全及门锁控制回路中，参考点是"AC110 VN"。万用表挡位选择交流挡，量程为250～500 V。

步骤二：测量电梯门锁回路。

根据图7-4逐个检测测量点，并填表7-7。

表7-7 门锁电气控制回路测量数据

检测内容	测量工具	检测维修值（测量值）	是否已经测量
电气门锁回路底层层门	数字万用表、螺丝刀等	电压测量法： 该设备接线两端测量点（10A、11A）相对零线点（AC110VN）的电压，测量值为____ V，正常值为__110__ V，是否正常？ ____；如不正常，维修处理后测量值为____ V。 电阻法测量： 该设备在此段门锁回路中，图纸中测量点（10A、11A）相对公共点（JMS.13）的电阻测量值为____ Ω，正常值为__0__ Ω，是否正常？ ____，如不正常，维修处理后测量值为____ Ω	
电气门锁回路顶层层门	数字万用表、螺丝刀等	电压测量法： 该设备接线两端测量点（110、11A）相对零线点（AC110VN）的电压，测量值为____ V，正常值为__110__ V，是否正常？ ____；如不正常，维修处理后测量值为____ V。 电阻法测量： 该设备在此段门锁回路中，图纸中测量点（110、11A）相对公共点（JMS.13）的电阻测量值为____ Ω，正常值为__0__ Ω，是否正常？ ____；如不正常，维修处理后测量值为____ Ω	

（续表）

检测内容	测量工具	检测维修值（测量值）	是否已经测量
电气门锁回路轿厢门	数字万用表、螺丝刀等	电压测量法： 该设备接线两端测量点（11B、11C）相对零线点（AC110VN）的电压，测量值为＿＿＿ V，正常值为＿110＿ V，是否正常？＿＿＿；如不正常，维修处理后测量值为＿＿＿ V。 电阻法测量： 该设备在此段门锁回路中，图纸中测量点（11B、11C）相对公共输入点（JMS.13）的电阻测量值为＿＿＿ Ω，正常值为＿0＿ Ω，是否正常？＿＿＿；如不正常，维修处理后测量值为＿＿＿ Ω	

步骤三：判断故障位置。

根据步骤二测量结果，对比测量值与理论值，分析数据，判断故障位置。

步骤四：修复相关电路或者元器件。

根据步骤三判断结果，修复相关电路或者元器件。

知识巩固

一、填空题

1. 电梯门锁电气回路作用是＿＿＿＿＿＿＿＿＿＿＿＿＿＿＿＿＿＿＿＿＿＿＿＿＿＿＿＿＿＿＿＿＿＿＿＿＿。

2. 在 YL-777 电梯中，电梯门锁回路涉及的电气开关包括顶层厅门电气开关和

＿＿＿＿＿＿、＿＿＿＿＿＿、＿＿＿＿＿＿。

3. 在 YL-777 电梯中，电梯门锁回路电压为＿＿＿＿＿＿＿ V。

4. 在 YL-777 电梯中，电梯门锁回路继电器代码是＿＿＿＿＿＿＿。

5. 电梯轿厢防扒门门锁的作用是＿＿＿＿＿＿＿＿＿＿＿＿＿＿＿＿＿＿＿＿＿＿＿＿＿＿＿＿＿＿＿。

二、选择题

1.【多选题】排除电梯故障时，如必须短接门锁回路，应（　　　）。

A. 将电梯挡位设为检修挡

B. 告知配合人员

C. 检修后拆除短接线，然后恢复运行

D. 使电梯处于正常运行状态

2.【单选题】交流接触器线圈的额定电压为 220V，因此控制电路的电压是（　　　）。

A. 110V　　　　　　B. 220V　　　　　　C. 380V　　　　　　D. 660V

3.【单选题】继电器是切换（　　　）电路的，接触器是切换（　　　）电路的。

A. 控制，主　　　　　　　　　　　　　　B. 主，控制

C. 照明，控制　　　　　　　　　　　　　D. 安全，控制

三、问答题

1. 电梯正常运行时，电梯门锁回路中门锁电气开关是否可以短接？如不可以，请简述理由。

2. 在 YL-777 电梯门锁电气回路中，门锁继电器控制哪些电路功能？

【知识巩固】参考答案

 学 习 评 价 表

该部分表格详见附录中表 B1。

任务三　维修电梯超载限制装置

【案例】

事件经过：2007 年 1 月，福州某培训中心（共 6 层）电梯额载 1000 kg、13 人，电梯中一下涌入 18 人，从 6 层开始溜梯，安全钳动作，造成困人事故。

原因分析：超载报警装置有效，但因电梯瞬间严重超载，抱闸制动力不足以制停住瞬间超载的轿厢，导致溜车坠梯。

▶ 活动一：认识电梯超载保护装置

步骤 1：认识电梯超载保护装置的类型。

电梯超载保护装置以机房称重式、轿底称重式为例。

1. 机房称重式超载保护装置：一般用于异步电梯，将称重仪装于机房绳头板下，电梯随着载荷的变动带动绳头板，绳头板被压于称重仪上。当载荷超过设定值时，电梯产生超载信号阻止电梯运行。机房称重装置实物如图 7-5（彩插图 E7）所示。

应变片传感器

图 7-5　机房称重装置实物

2. 轿底称重式超载保护装置：将超载装置设于轿厢底部，用橡胶垫作为称重元件，并将称重元件设于底盘与轿厢架之间。称重装置附着于轿厢地板上，轿厢地板会因轿内载重不同而实现上下移动。当轿内载重量超过轿厢承载的最大重量时，轿厢地板下降并触动开关使电梯超载不能正常运行。轿底称重装置实物如图7-6所示。

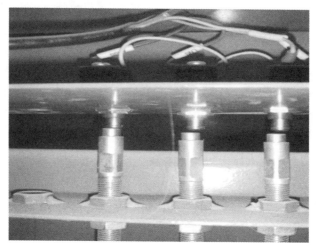

图7-6 轿底称重装置实物

1.《电梯制造与安装安全规范 第1部分：乘客电梯和载货电梯》（GB/T 7588.1—2020）规定如下。

> 5.12.1.2 载荷控制
>
> 5.12.1.2.1 轿厢超载时，电梯上的一个装置应防止电梯正常启动及再平层。对于液压电梯，该装置不应妨碍再平层运行。
>
> 5.12.1.2.2 应最迟在载荷超过额定载重量的110%时检测出超载。
>
> 5.12.1.2.3 在超载情况下：
>
> a) 轿厢内应有听觉和视觉信号通知使用者；
>
> b) 动力驱动自动门应保持在完全开启位置；
>
> c) 手动门应保持在未锁紧状态；
>
> d) 5.12.14所述的预备操作应取消。

2. TSG T7001—2023《电梯监督检验和定期检验规则》对超载保护装置规定如下。

> A1.3.3 轿厢超载保护装置试验
>
> 监督检验时，以及对于当次定期检验需要进行本附件A1.3.12.2条所述试验的电梯，或者发现轿厢自重发生变化等可能影响轿相超载保护装置有效性的情况，采用在轿厢内施加载荷的方式进行轿厢超载保护装置试验（注A1-21），观察是否最迟在轿厢内载荷达到110%额定载重量时能够检测出超载，防止电梯正常启动及再平层（对于液压驱动电梯，防

止电梯正常启动），并且轿厢内有听觉和视觉信号提示，自动门完全开启，手动门保持在未锁紧状态。

对于未按照前款要求对轿厢超载保护装置进行过监督检验的电梯，允许轿厢内只提供听觉信号或者视觉信号。

步骤 2：超载保护装置失效原因分析。

电梯超载保护装置在实践中最常见的一种失效状况就是，在超载保护装置应用一段时间之后，电梯未高于实际的额定载荷但出现相关动作，也就是一些误动作。其中，对于额定载重量为 800 kg 的乘客电梯，其轿厢位于底层的位置上，其超载保护装置在实践中会出现一些误动作与问题，这样会降低其实际的超载保护装置的精准性。

电梯超载保护装置出现的误动作主要分为两种状况：第一种状况就是其曳引钢丝绳在出现一定的张力变化时会导致误动作，同时曳引钢丝绳自身重量等问题也会导致电梯超载保护装置出现故障；第二种状况主要就是在电梯的长期使用过程中，各种因素导致轿厢底部出现变形，这样就会缩小杠杆与微动开关之间的距离，同时也会导致其出现霍尔传感器磁通量变化等相关问题。例如，某曳引式电梯分为四层三站，在实践中对超载保护装置进行检验发现，其轿厢在第一层时正常，运行到第四层时就出现了超载保护失效的问题。通过对其问题进行分析，我们可以了解到，主要是曳引钢丝绳张力变化及钢丝绳自身的重量导致超载保护失效。我们在实践中对此进行了验证，但是其超载保护还是出现了失效问题，故而排除了楼层方面的因素。

在实践中通过对超载装置的实际固定方式进行监测，我们可以了解到，传感器在实际的安装及固定操作中存在较为显著的缺陷问题。在实际的运行中，钢丝绳头的弹簧伸缩下横板存在一定的旋转移位问题，而此传感器主要的应用原理为霍尔磁效应原理。

在实际的电梯超载装置应用中，我们主要把电梯的相关超载装置设置在轿顶、轿底及机房位置。现阶段的货梯主要应用的就是霍尔传感器，并且将其安装在机房绳头之上。在对电梯进行检测的过程中，我们要加强对霍尔传感器固定的重视，避免出现因霍尔传感器移位而导致实际运行过程中传感器保护失效，进而有效地避免电梯溜梯等问题。

▶ 活动二：维修电梯超载保护装置

步骤 1：判断电梯超载保护装置故障范围。

以 YL777 实训电梯为操作对象，结合附录中图 A3 主控系统电路原理图，测量超载保护装置供电电压。

测量超载保护装置供电端 P24（红色线）相对地 COM（黑色线）的电压：若有 24 V 直流电压，则说明供电正常；继续测量超载反馈信号 KCZ 线路电压 24 V 直流电压，若无反馈信号电压，则说明超载保护装置出现故障；若无 24 V 直流电压，则说明超载保护装置供电故障。

步骤 2：维修电梯超载保护装置控制电路。

电压测量法：将万用表黑表笔放在参考点 COM（黑色线）上，用红表笔分别测量涉及供

电电路各点电压，有电压和无电压之间的位置即故障位置。

电阻测量法：关断电梯电源，将万用表黑表笔放在超载保护装置供电端，逐级往前测量 P24 供电线路各点电阻，零电阻和无穷大电阻之间的位置即故障位置。

步骤 3：维修电梯超载保护装置。

当判断为超载保护装置故障时，拆下电梯超载保护装置并更换新的装置。

知 识 巩 固

一、填空题

1. 超载保护装置主要功能是当_____时，能发出警告信号并使_____。

2. 超载保护装置按安装位置分为_____、_____、_____。

3. 超载保护装置按工作原理分为_____、_____、_____、_____。

4. 轿底称重式超载保护装置安装在轿厢底部，可分为_____和_____两种。

5. 机房称重式超载保护装置要求电梯的曳引钢丝绳绕法应采用_____。

二、选择题

1. 当轿厢的载重量达到额定负载的(　　)时发生动作，切断电梯控制电路，使电梯不能启动。

A. 100％   B. 110％

C. 120％   D. 90％

2. 对于集选电梯，当载重量达到额定负载的(　　)时，即接通直驶电路，运行中的电梯不再应答厅外的截行信号，只响应轿内选层指令。

A. 70％～80％   B. 80％～90％

C. 90％～100％   D. 60％～90％

3. 活动轿底式的轿底称重式超载保护装置装在轿厢底，与轿壁的间距均为(　　)。

A. 3 mm   B. 5 mm

C. 4 mm   D. 6 mm

三、问答题

1. 简述机房称重式超载装置的工作原理。

2. 简述轿底称重式超载装置的工作原理。

【知识巩固】参考答案

学 习 评 价 表

该部分表格详见附录中表 B1。

任务四 维修电梯端站限位开关装置

【案例】

某物业电梯自动运行时只能上行不能下行，或者只能下行不能上行。

▶ 活动一：维修电梯端站上限位开关

步骤1：判断电梯端站上限位开关范围。

电压测量法：测量上限位开关输入电压，若无24 V直流电压，则故障发生在上限位开关24 V供电电路中；若有24 V直流电压，但输出端无24 V直流电压，则故障发生在上限位开关处。

步骤2：维修电梯端站上限位电路。

电压法测量：将万用表黑表笔放在参考点COM（黑色线）上，用红表笔分别测量涉及供电电路各点电压，有电压和无电压之间的位置即故障位置。

电阻测量法：关断电梯电源，将万用表黑表笔放在控制柜主板输入信号端口X9处，逐级往前测量P24供电线路各点电阻，零电阻和无穷大电阻之间的位置即故障位置。

步骤3：维修电梯端站上限位开关。

当判断为电梯上限位开关故障时，拆下电梯上限位开关并更换新的装置。

▶ 活动二：维修电梯端站下限位开关

电梯下端站开关如图7-7所示。

图7-7 电梯下端站开关

步骤1：判断电梯端站下限位开关范围。

电压测量法：测量下限位开关输入电压，若无24 V直流电压，则故障发生在下限位开关24 V供电电路中；若有24 V直流电压，但输出端无24 V直流电压，则故障发生在下限位开关处。

步骤2：维修电梯端站下限位电路。

电压法测量：将万用表黑表笔放在参考点COM（黑色线）上，用红表笔分别测量涉及供电电路各点电压，有电压和无电压之间的位置即故障位置。

电阻测量法：关断电梯电源，将万用表黑表笔放在控制柜主板输入信号端口X10处，逐级往前测量P24供电线路各点电阻，零电阻和无穷大电阻之间的位置，即故障位置。

步骤3：维修电梯端站下限位开关。

当判断为电梯端站下限位开关故障时，拆下电梯下限位开关并更换新的装置。

 知识巩固

一、填空题

1. 电梯的安全系统包括限速器、_____、_____，以及_____等保护装置。

2. 端站开关的功能是防止_____。

3. 端站开关由_____、_____和_____等三个开关及相应的_____、_____和_____组成。

4. 端站开关在井道上部从上到下的位置顺序是_____。

5. 端站开关在井道下部从上到下的位置顺序是_____。

二、选择题

1. 限位开关——当轿厢超越应平层位置(   )时，轿厢碰板使上限位开关或下限位开关动作，切断电源，使电梯停止运行。

   A. 40 mm　　　　　B. 50 mm　　　　　C. 60 mm　　　　　D. 70 mm

2. 当电梯运行到最高层应减速的位置而没有减速时，装在轿厢边的上下开关碰板首先碰到(   )使其动作，强迫轿厢减速运行到平层位置。

   A. 强迫缓速开关　B. 上强迫缓速开关　　C. 上限位开关　　　D. 上极限开关

3. 以下不是"极限开关不动作"故障原因的是(   )。

   A. 极限开关或挡碰板移位　　　　　　　B. 极限开关损坏

   C. 极限开关张紧配重装置失效　　　　　D. 端站开关移位

三、问答题

1. 轿厢未有明显下蹾或上冲，轿厢地坎与厅门地坎的平层误差亦在规定值内，但端站开关意外动作。

请写出上述故障产生的原因及排除过程。

2. 简述"极限开关不动作"故障的排除过程。

【知识巩固】参考答案

该部分表格详见附录中表 B1。

拓展阅读　**电梯作业社会责任心和质量服务意识**

电梯在使用过程中往往涉及人们的活动，且电梯属于密闭空间，稍微有一些抖动、噪声，乘客都会感觉到生命受到危险，因此电梯安装、维修、保养作业人员在作业时，要有质量意识、社会责任意识，强化对自己生命安全负责任、对别人的人身安全负责到底的意识。电梯维修、保养属于电梯售后服务的重要环节。从社会属性角度定位，电梯维修、保养属于社会服务岗。当维修、保养涉及门锁电路时，若操作人员短接门锁电路则会造成"剪切"事故，所以必须短接门锁电路时，操作人员要用有特殊颜色等标志的专用短接线，且做好详细记录，完成维保任务后，细查记录，恢复短接线。

警示案例：2007 年 4 月 21 日晚上 10 时 30 分左右，宁波市第二医院住院楼 1 号电梯在运行中，当电梯向上运行至 10 层以上时，电梯司机听到井道内有人惊叫和"扑"的声响，随即电梯在 15 楼停止并开门，不能继续运行。司机通知了保安和维保单位，在电梯井道底坑内发现有人跌落，一名女子当场死亡。该电梯于 2007 年 3 月经定期检验，其检验结果是合格的，并且宁波市经济技术开发区××电梯有限责任公司（具有电梯安装维修 C 级资质）受委托负责电梯的日常维护保养。人员坠落事故发生前一天（即 20 日）上午，维保单位的维修工易某在维修电梯时短接了层门电气联锁，造成 20 日上午至 21 日晚上事故发生前电梯始终在层门电气联锁失效的状态下运行。事故发生前，电梯曾在 13 楼停靠，关门时层门受异物阻挡无法完全关闭，由于此时验证层门锁闭状态的电气联锁因被人为短接而失效，当轿门电气联锁闭合后电梯启动运行，因此造成 13 楼层门未锁闭可以开启。在该状态下，13 楼病人诸某欲乘电梯，误以为电梯停在 13 楼，于是待层门打开后，误入井道坠落底坑后死亡。

项目八　电梯电气控制系统的维修

在电梯安全保护系统各部件正常工作的前提下，电梯电气控制系统才能进入功能状态。电梯电气控制系统由操纵装置、位置显示装置、控制柜及其接线、平层装置组成，它的作用是操纵和控制电梯的运行。

任务一是维修操纵装置——主控电气系统。以默耐克 1000＋主板为例，根据故障现象，判断输入与输出信号，经过测量得出原因，最后对器件或线路的故障进行维修。

任务二是维修电梯开关门电路系统。开关门故障可能是机械故障也可能是电气故障。其中，电气故障可能是门机运行故障、各类检测信号故障；机械故障可能是门运行和导向故障及轿门和层门联动故障。

任务三是维修抱闸装置系统。抱闸不正常导致电梯不能正常运行，通过抱闸检测输入点信号和抱闸接触器吸合状态，判断故障为电气故障还是机械故障，再根据测量结果判断准确故障点。

任务四是维修平层装置。由于电梯遮光板或隔磁板与平层感应器的相对位置发生变化或线路与器件出现故障，因此电梯出现不能正常平层的相关故障。

任务一　维修操纵装置——主控电气系统

结合主控系统（主板）功能，观察控制柜各接触器工作状态，判断故障范围，分析主控系统（主板）功能端（I/O 口）工作状态，通过观察、测量，得出故障原因，修复故障。主控系统电路原理图如附录中图 A3 所示。

【案例】

装修工人搬运水泥、沙石到某小区 5 号电梯轿厢后，电梯无法关门，同时不响应内呼、外呼召唤。经维修人员检查发现，主板 I/O 输入端 X15（光幕信号）、X26（厅门回路反馈信号）、X27（轿门回路反馈信号）等输入端信号指示灯均不亮。

▶ 活动一：分析主控系统（主板）工作逻辑关系

步骤 1：分析输入信号。

1. 结合主控系统电路原理图（附录中图 A3），分析主控系统各输入信号 X 工作状态，发现常闭开关信号灯常亮，常开开关信号灯常灭。输入端口 X 信息见表 8-1 所列。

表 8-1 输入端口 X 信息

输入端口名称（I 端口）	输入端口代号	工作条件及信号灯状态
主板电源供电	24 V	信号灯常亮
主板公共端	com	公共端
门区信号	X1	电梯运行到开门区后信号灯亮
运行接触器反馈	X2	运行接触器 CC 启动后信号灯灭
抱闸接触器反馈	X3	抱闸接触器 JBZ 启动后信号灯灭
检修功能信号	X4	检修功能启动后信号灯亮
检修上行	X5	检修上行后信号灯亮
检修下行	X6	检修下行后信号灯亮
消防开关	X7	消防开关动作后信号灯亮
锁梯信号	X8	锁梯后信号灯亮
上限位开关	X9	上限位开关动作后信号灯灭
下限位开关	X10	下限位开关动作后信号灯灭
上减速开关	X11	上减速开关动作后信号灯灭
下减速开关	X12	下减速开关动作后信号灯灭
超载信号	X13	超载时信号灯亮
开门限位信号	X14	开门限位到位时信号灯灭
光幕信号	X15	光幕被遮挡时信号灯灭
司机信号	X16	司机功能启动时信号灯亮
封门输出反馈	X17	电梯运行时信号灯亮
关门限位信号	X18	关门限位到位时信号灯灭
上平层开关信号	X19	电梯上行平层时信号灯亮
下平层开关信号	X20	电梯下行平层时信号灯亮
门旁路 MSPL：S1 信号	X21	门旁路动作时信号灯灭
抱闸验证开关	X22	抱闸接触器启动时信号灯灭
安全接触器启动信号	X23	安全接触器启动时信号灯亮
门锁继电器启动信号	X24	门锁继电器启动时信号灯亮
安全回路接通信号	X25	安全回路接通时信号灯亮

2. 结合主控系统电路原理图（附录中图 A3）和内呼、外呼系统电气原理图（附录中图 A4），分析主控系统内呼系统各输入信号 L 工作状态。输入端口 L 信息见表 8-2 所列。

表 8-2　输入端口 L 信息

输入端口名称（I 端口）	输入端口代号	工作条件及信号灯状态
主板电源供电	24 V	信号灯常亮
主板公共端	com	公共端
开门按钮响应信号	L1	低电平触发后信号灯亮
关门按钮响应信号	L2	低电平触发后信号灯亮
内呼一楼按钮响应信号	L3	低电平触发后信号灯亮
内呼二楼按钮响应信号	L4	低电平触发后信号灯亮
一楼外呼上按钮响应信号	L10	低电平触发后信号灯亮
二楼外呼下按钮响应信号	L16	低电平触发后信号灯亮

步骤 2：分析输出信号。

结合主控系统电路原理图（附录中图 A3），分析主控系统各输出信号 Y 及其附属输入信号工作状态。输出端口 Y 及其附属输入信号信息见表 8-3 所列。

表 8-3　输出端口 Y 及其附属输入信号信息

输出端口名称（I 端口）	输出端口代号	工作条件及信号灯状态
运行接触器 CC 控制信号	Y1	安全回路、门锁回路、抱闸回路、检修回路等正常时，有呼梯等运行信号发出，Y1 输出电流，相对参考点（110 VN）电压值为交流 110 V，且此时信号灯亮
抱闸接触器 JBZ 控制信号	Y2	当 Y1 信号发出时，JBZ 控制信号发出，此时信号灯亮
运行接触器 CC 控制信号 抱闸接触器 JBZ 控制信号 供电电源	M1 M2	安全回路、门锁回路接通时，由门锁继电器 JMS.13 引入交流 110 V。信号灯常亮
电梯节能继电器控制信号	Y3	电梯超时停止时，启动节能继电器，停止轿内照明和风扇
Y3、Y6、Y7、Y10、Y11 供电电源	M3	开关电源 SPS 直流 24V 供电正常，信号灯常亮
开门指令控制信号	Y6	当电梯满足开门条件时，向电梯门机控制器发出开门指令信号，此时信号灯亮
关门指令控制信号	Y7	当电梯满足关门条件时，向电梯门机控制器发出开门指令信号，此时信号灯亮
开门、关门指令控制公共端 CO1	YM1	此公共端 CO1 与开门、关门指令形成电气回路
楼层显示总线	Y10 Y11	以二进制控制楼层显示数码管总线

（续表）

输出端口名称（I端口）	输出端口代号	工作条件及信号灯状态
声光报警器控制信号	Y14	当电梯非正常运行时（如旁路层门运行、超载），声光报警，此时信号灯亮
到站钟控制信号	Y15	电梯到站在平层精度标准内时，输出控制信号，此时信号灯亮
到站钟控制信号直流 24 V 供电电源	YM2	开关电源 SPS 直流 24 V 供电正常，信号灯常亮
Y16、17、18、Y20、21、22 供电电源	YM3	开关电源 SPS 直流 24 V 供电正常，信号灯常亮
检修显示控制信号	Y16	检修运行时，对显示面板输出信号，显示面板显示"检修"字样。此时信号灯亮
上行箭头控制信号	Y17	当电梯上行时，对显示面板输出信号，显示面板显示向上的箭头。此时信号灯亮
下行箭头控制信号	Y18	当电梯下行时，对显示面板输出信号，显示面板显示向上的箭头。此时信号灯亮
封门输出控制信号	Y20	当电梯运行时，输出封门信号。此时信号灯亮
超载蜂鸣器控制信号	Y21	当电梯超载时，输出信号控制超载蜂鸣器。此时信号灯亮
超载指示控制信号	Y22	当电梯超载时，输出信号控制显示面板，显示"超载"字样

▶ 活动二：修复主控系统故障

步骤 1：观察电梯主控制柜内各设备工作状态。

送电观察电梯主控制柜内各设备工作情况。

1. 观察安全回路接触器 MC、门锁回路继电器 JMS、运行接触器 CC、抱闸接触器 JBZ 的工作状态，填写表 8 - 4。

表 8 - 4　电梯机房控制柜内电气设备工作状态

电气设备名称	工作状态（是否吸合）	是否正常
安全回路接触器 MC		
门锁回路继电器 JMS		
运行接触器 CC		
抱闸接触器 JBZ		

2. 观察电梯主控系统主板输入、输出各端口信号灯工作情况，判断其工作状态是否正常，并填写表 8 - 5。

表8-5　电梯主控系统主板输入、输出端口工作状态

输入 信号端口	理论 电压值 及信号灯 （亮/灭）	是否正常 （√/×）	输入 信号端口	理论 电压值 及信号灯 （亮/灭）	是否正常 （√/×）	输出 信号端口	理论 电压值 及信号灯 （亮/灭）	是否正常 （√/×）
24 V			24 V			Y1		
com			com			Y2		
X1			L1			M1		
X2			L2			M3		
X3			L3			Y3		
X4			L4			M3		
X5			L5			Y6		
X6			L6			Y7		
X7			L7			YM1		
X8			L8			Y10		
X9			L9			Y11		
X10			L10			Y14		
X11			L16			Y15		
X12						YM2		
X13						YM3		
X14						Y16		
X15						Y17		
X16						Y18		
X17						Y20		
X18						Y21		
X19						Y22		
X20								
X21								
X22								
X23								
X24								
X25								

步骤2：分析电梯主控制柜内各设备工作状态。

根据表8-5中数据，判断故障位置及其所在电气回路，写出检测方法及流程。明确下面关键问题。

1. 故障现象是什么？请形成文字。

2. 故障涉及的电气回路名称及其功能是什么？

3. 使用什么检测工具及其使用注意事项有哪些？

4. 使用什么测量方法？

5. 需要测量哪些数据？

6. 比较测量值和理论值（填写表 8-6、表 8-7）并分析数据。

表 8-6　测量数据比较表（电压测量法）

数据	测量点			
	1	2	3	……
理论值				
测量值				

表 8-7　测量数据比较表（电阻测量法）

数据	测量点			
	1	2	3	……
理论值				
测量值				

步骤 3：判断故障点。

根据表 8-6、表 8-7，判断故障位置。

步骤 4：修复故障点。

根据步骤 3 判断结果，修复电气元件或电气线路。

一、填空题

1. YL-777 型电梯采用 NICE 1000 一体化控制柜系统，该系统采用的主控板有_____个输入口，_____个按钮信号采集口，每个接口都带有指示灯，当_____相应的指示灯（绿色 LED 灯）会点亮。

2. 一体化控制器保留了_____，减小了控制柜的体积，特别是_____，微机主板自身不停地检测并监控着电梯的待机及运行情况。

3. 当出现故障时，系统会_____，会给出是否需要保护停机的提示，并且实时地将故障信息呈现出来。

4. 亚龙 YL-777 型电梯的故障信息根据对系统的影响程度分为_____个类别。对于不同类别的故障，相应处理也不同。

5. YL-777 型电梯采用_____控制器。

二、选择题

1. 以下不是运行接触器反馈异常的故障原因的是（　　）。

A. 运行接触器未输出，但运行接触器反馈有效

B. 运行接触器有输出，但运行接触器反馈无效

C. 编码器与电机相序不一致

D. 运行接触器复选反馈点动作状态不一致

2. 以下不是电梯位置异常的故障原因的是(   )。

A. 电梯自动运行时，旋转编码器反馈的位置有偏差

B. 电梯自动运行时，平层信号断开

C. 钢丝打滑或电动机堵转

D. 异步电机启动电流过小

3. 以下不是排除电梯位置异常故障检查项目的是(   )。

A. 检查接触器反馈触点是否正常

B. 检查平层感应器、插板是否正常

C. 检查平层信号线连接是否正确

D. 检查旋转编码器使用是否正确

三、问答题

1. 请分析"电梯能选层呼梯，但是关好门之后不运行，并且重复开关门"的故障原因。

2. 简述排除故障"E36"的检修步骤。

【知识巩固】参考答案

该部分表格详见附录中表 B1。

任务二　维修电梯开门、关门电路系统

【案例】

唐山小区 3 号电梯运行到 2 楼层站平稳停车后，电梯门打不开，出现困人现象。

▶ 活动一：制订维修计划

步骤 1：明确电梯开门控制逻辑。

电梯开门控制逻辑：电梯主控板发出开门指令→电梯主控板得到开门信号→电梯门机控制器接收到开门控制信号→门机得电驱动电梯门开门→门机控制器输出门机所需的三相电源→开门到位→开门限位信号传回主控制板→主控板判断开门是否到位。

步骤 2：表述电梯开门、关门电路系统工作过程。

结合电梯开门、关门电路系统电气原理图（附录中图 A5），表述电梯开门、关门电路系统工作过程。

▶ 活动二：维修电梯开门、关门电路系统故障

根据维修计划，结合电梯开门、关门电路系统电气原理图（附录中图 A5），实施操作，明确以下关键点数据。工作步骤如下：

1. 检测门机控制器工作电源。

测量点 201 电压应为交流 220 V。测量时，测量参考点是黑表笔放置点（线号 202 或门机电源端 N）。

2. 检测电梯主控系统主板系统开门、关门输出信号端工作状态，以及有无开门、关门指令发出。

（1）测量开门信号。

（2）用电压测量法，测得的电梯主控系统主板开门信号送出端口 Y6 电压应为直流 24 V；用电阻测量法，测得的 Y6－OP1 的电阻值应为 0 Ω。

3. 检测门机控制器是否接收到了来自电梯主控系统主板系统的开门、关门信号，以及是否将电压信号输出给了门机。

（1）测量开门信号。

（2）用电压测量法，测得的门机控制器接收到的开门信号电压应为直流 24 V；用电阻测量法，测得的 OP1—端口的电阻值应为 0 Ω。

4. 检测门机有无接收到门机控制器输出的电压信号。

（1）测量门机控制器输出电压信号。

（2）门机控制器 U、V、W 输出端对地电压应为 U 交流 220 V、V 交流 220 V、W 交流 220 V。

5. 分析测量结果，判断故障点。测量值与理论值不一致的即故障点。

6. 修复故障点。

知识巩固

一、填空题

1. 电梯的开门、关门系统由_____、_____、_____和_____等组成。

2. 电梯开门、关门采用_____作为驱动自动门机构的原动力，由门机专用变频控制器控制_____等功能。

3. 门机控制系统向_____发出指令和信号，根据_____，向门机控制系统发出开门、关门的指令和信号，实现门机控制。

4. 在开门、关门过程中，变频门机借助于_____，实现自动平稳调速。

5. 电梯开门、关门的工作方式有_____、_____、_____、_____、_____、_____、_____、_____。

二、选择题

1. 在关门过程中或关门后电梯尚未启动时，按轿厢内操纵箱的开门按钮，电梯停止输送关门信号指令并发出开门指令并开门，叫（　　）工作方式。

A. 自动开门　　　　　　　　　　　　B. 立即开门

C. 厅外本层开门　　　　　　　　　　D. 安全触板或光幕保护开门

2. 停车平层后门开启约 6 s 后，在电梯微机主板内部逻辑的定时控制下，自动输出关门信号，使门机自动关门，叫（　　）工作方式。

A. 提前关门　　　　　　　　　　　　B. 司机状态的关门

C. 自动关门　　　　　　　　　　　　D. 检修时的开门、关门

3. 自动开门、关门系统常见电气故障的类型不包括下列哪一项？（　　　）

A. 厅外本层开门故障　　　　　　　　B. 安全触板或光幕保护开门故障

C. 自动关门故障　　　　　　　　　　D. 延迟关门故障

三、问答题

1. 自动开门、关门系统常见电气故障的类型有哪些？

2. 有开门指令入门机变频驱动板，但门机不开门。上述故障的原因是什么？

【知识巩固】参考答案

学习评价表

该部分表格详见附录中表 B1。

任务三　维修抱闸装置系统

【案例】

在下班高峰期，某写字楼 A 电梯满载下行。电梯运行到一楼层站时，无法制动，电梯继续往下掉，在负 1 楼与负 2 楼之间出现困人故障。经检查，技术人员发现电梯抱闸装置的制动闸瓦严重磨损。

▶ 活动一：修复鼓式抱闸装置硬件部件

根据以下步骤，修复鼓式抱闸装置：

1. 判断制动器各组件是否需要更换（主要查看制动弹簧、制动带、销轴）。

2. 根据示范视频，写出拆卸如图 8-1 所示电磁制动器的顺序。

3. 拆卸如图 8-1 所示电磁制动器。（注意拆卸下来的物件整齐有序摆放）

4. 更换需要的组件，规范安装各组件。

5. 调整制动弹簧顶、制动铁芯、制动闸瓦。

（1）调整活动铁芯行程：松开制动臂两端活动铁芯顶杆锁紧螺母，用扳手将顶杆逆时针旋转至顶杆与活动铁芯螺杆完全离开，然后再顺时针旋转至顶杆与活动铁芯螺杆刚好接触；顺时针旋转 2.5 圈，推动活动铁芯螺杆，使铁芯向内移动 5 mm。抱闸通电，张闸时活动铁芯

1—制动弹簧；2—制动臂；3—调节螺栓；4—顶杆-线圈-铁芯；5—拉杆；6—闸瓦-制动带。

图 8-1　电磁制动器

应向外移动的最大行程为 3.7 mm。如果行程小，应顺时针旋转顶杆来增大行程；反之，则减小行程。抱闸打开时听活动铁芯有无撞击端盖的声音，以不撞击端盖且间隙最小为好。调好后，将活动铁芯螺杆锁紧螺母和铁芯顶杆螺母均锁紧。

（2）调整制动闸瓦与闸鼓吻合度：活动铁芯螺杆锁紧螺母用来调节铁芯压缩弹簧（在活动铁芯端盖防尘胶套内）的压力，减小合闸时的噪声。调节要点：当开闸时活动铁芯螺杆锁紧螺母与弹簧微受力即可（弹簧在自由状态，旋转活动铁芯螺杆锁紧螺母，使其与弹簧刚好接触，然后再顺时针旋转 1 圈，接着用活动铁芯螺杆锁紧螺母锁紧即可）。压缩弹簧产生足够大的压力压紧制动臂时，制动闸瓦与闸鼓面紧贴在一起。此时调整制动闸瓦下部的顶紧螺杆，使其刚好顶在制动闸瓦下端两平面上，倾力不要过大，调好后将顶杆的缩进螺母锁紧即可。

（3）调整开闸间隙：松开制动臂拉杆锁紧螺母，送电开闸，用塞尺检查制动闸瓦下端与闸鼓之间的间隙，越小越好，以无摩擦为好。若开闸间隙过大，则顺时针调整拉杆；若开闸间隙过小，则逆时针调整拉杆。间隙调整好后将锁紧螺母锁紧以防拉杆松动。

（4）调整两侧抱闸臂抱紧力及其同步情况：将压缩弹簧端的锁紧螺母松开，使弹簧处于自由状态并旋转调整螺母，使垫片与弹簧微受力接触，将此位置视为调整弹簧力的基准点；调整压紧螺母以获得足够的抱紧力（可手动盘车初试）；通电松闸，看两侧抱闸臂运动是否同步（在抱紧力足够的前提下，张闸时，若一快一慢，则慢的一侧应减小弹簧压力，反之则增大弹簧压力。合闸时，若一快一慢，则慢的一侧应加大弹簧压力）。

（5）调整抱闸检测微动开关：在以上各项均调整到位后，将抱闸检测开关安装好，顺时针旋转抱闸臂上的开关顶杆，调整开关动作后 +30°，同时锁紧顶杆上的锁紧螺母。

1. 国标规定，交流双速电梯抱闸四角处两侧间隙平均值均不大于 0.7 mm。各电梯厂家

的抱闸间隙调整有厂标要求，在维修保养时，维保人员应根据维保要求做调整。制动器张开时，闸瓦与制动鼓间隙一般应为 0.4～0.5 mm，无摩擦。

2. 检查抱闸制动片的磨损情况。磨损国标要求：闸瓦磨损均匀，磨损量为闸瓦厚度的 1/4～1/3 时应更换。例如，闸瓦厚度为 6 mm，当磨损超过 2 mm 时便应予以更换。

3. 抱闸铁心行程

横式抱闸铁心的行程是 1.5 mm，竖式抱闸铁心的行程应根据铭牌值的要求进行调整。

▶ 活动二：储备修复电梯抱闸回路电气回路知识

步骤 1：思考下列问题。

1. 如何判断电梯抱闸控制系统出现了问题呢？

电梯检修运行状态：给电梯通电，首先将总电源开关上电，然后将控制柜电源开关上电，检修运行电梯，发现安全回路接触器吸合工作、门锁回路继电器吸合工作、运行接触器吸合工作，但抱闸接触器没有吸合工作，电梯抱闸没有松开，电梯无法运行。

观察到抱闸接触器没有吸合动作，说明问题不在抱闸装置本身。需要检查电梯抱闸装置电气控制回路。

2. 如何对电梯抱闸控制系统进行检修呢？

分析电梯抱闸控制系统电气原理图（如附录中图 A6 变频及制动控制回路），先分析抱闸装置线圈的供电控制系统。

电梯电源变压器变压整流后，形成 110 V+ 直流电并经过开关 NF4，运行接触器 CC.13、CC.14，抱闸接触器 JBZ.2、JBZ.1，抱闸装置线圈 BR，抱闸主控接触器 JBZ.3、JBZ.4，然后回到电梯电源变压器 110 V 负极，形成控制回路。

通过电梯抱闸装置电气控制回路电流走向分析，电梯抱闸装置线圈需要得电松开抱闸，电梯才能运行。

3. 电梯抱闸装置线圈得电的条件有哪些？

电梯抱闸装置线圈得电的条件有：

（1）电梯电源变压器变压整流形成 110 V 直流电源；

（2）开关 NF4 正常有效；

（3）运行接触器 CC 和触点 CC.13、CC.14 有效；

（4）抱闸接触器及其控制回路和触点 JBZ.2、JBZ.1 和 JBZ.3、JBZ.4 有效；

（5）抱闸装置有效。

步骤 2：回答问题：

1. 电梯抱闸控制系统的控制回路、被控制回路分别涉及哪个电气原理图？

在电梯抱闸装置线圈得电的条件中，抱闸接触器与其被控制回路不在同一个电气回路中。请看其电气原理图（如附录中图 A6 变频及制动控制回路）。

抱闸接触器供电由门锁继电器 JMS.13 端引来，并进入电梯主板供电端 M2。当电梯主板判断需要松抱闸时，主控板 Y2 输出电流给抱闸接触器线圈 A1 端。如果该抱闸接触器线圈正常，那么电流经该抱闸接触器线圈 A2 端回到交流 110 VN 零线端，形成抱闸接触器线圈控制回路。

经过分析，电梯抱闸控制系统需要通过两条控制回路控制抱闸装置线圈，这两条控制回路即抱闸装置线圈控制回路（被控回路）和抱闸接触器线圈控制回路（主控回路）。但是这两条控制回路所用的电压不相同，一个是 110 V 交流电，另一个是 110 V 直流电。

2. 电梯抱闸电气控制回路由哪些电气器件组成？

电梯抱闸电气控制回路由抱闸接触器 JBZ、运行接触器 CC13/14、抱闸装置所组成。

3. 电梯抱闸控制系统被控制的电气回路电压类型是什么？电压值是多少？

直流电压，110V。

4. 电梯抱闸控制系统的控制器件名称、使用电压类型是什么？电压值是多少？

抱闸接触器、交流电压，110V。

步骤 3：表述电梯抱闸电气控制回路工作过程。

步骤 4：写出根据电梯故障现象，判断电梯抱闸电气控制回路出现故障的方法。

▶ 活动三：制订电梯抱闸电气控制回路维修计划

1. 电梯抱闸电气控制回路主控回路检测。

2. 电梯抱闸电气控制回路被控回路检测。

▶ 活动四：实操维修电梯抱闸装置电气控制回路

根据维修计划，进行维修操作。

1. 用电压测量法测量数据。

2. 用电阻测量法测量数据。

3. 分析测量数据，判断故障点。

4. 修复故障点。

技能链接

用电压测量法找出故障位置。

1. 测量方法：

首先测量电梯抱闸电气控制回路各点电压。

2. 测量分析：

因为电梯抱闸电气控制回路的电源从门锁继电器 JMS.13 端口引来，而门锁继电器是吸合的，所以测量电梯主控板上的电梯抱闸电气控制回路电源端 M2，在检修上行或下行状态下，测量输出电压 Y2、抱闸接触器 JBZ.A1 是否有110 V 交流电压。

3. 测量操作：

（1）定位黑标笔，即测量参考点 110 V 交流负极。

（2）测量各点。

4. 测量结果分析：

有电压和无电压之间的位置就是故障点的位置，包括两个测量点之间的线路及设备。

如果抱闸接触器吸合后，抱闸装置仍然不工作，则进一步测量电梯抱闸电气控制回路各

点电压。

5. 测量分析：

对 110 V$_+$，开关 NF4，运行接触器 CC.13、CC.14，抱闸接触器 JBZ.2、JBZ.1，抱闸装置线圈 BR.05、BR.04，抱闸接触器 JBZ.3、JBZ.4 逐点测量其电压值，检查其是否有 110 V 直流电。

6. 测量操作：

(1) 定位黑标笔，即测量参考点。

(2) 测量各点电压。

 知 识 巩 固

一、填空题

1. 抱闸装置是 _____ 的别称。制动器机械故障往往会造成电梯 _____ 、溜车、_____ 等无法正常运行等情况。

2. 制动器是当电梯轿厢处于静止且曳引机处于失电状态时，防止电梯再移动的机电装置，会在曳引机断电时刹住电梯。其控制方式一般是 _____ 时制动器松开，_____ 时制动器抱紧。

3. 通过制动器 _____ 的开闭状态来检测两侧制动器臂的工作状态。

4. 制动器张开时，制动闸瓦与闸鼓之间的间隙一般应为 _____，且制动闸瓦与闸鼓无摩擦。

5. 附录中图 A3 主控系统电路原理图中，电梯制动器电气控制回路接触器的名称是 _____。

二、选择题

1. 附录中图 A6 变频及制动控制回路中，电梯制动器电气控制主回路电压为（　　）
A. 交流 110 V　　B. 直流 110 V　　　　C. 交流 220 V　　　　D. 直流 24 V

2. 附录中图 A6 变频及制动控制回路中，电梯制动器电气控制主回路电源来源为（　　）
A. 主变压器 DC110 V　　　　　　B. 主变压器 AC110 V
C. 主变压器 DC24 V　　　　　　　D. 主变压器 AC220 V

3. 在 YL-777 型电梯中，电梯制动器电气控制主回路抱闸接触器 JBZ 电源来源为（　　）
A. 交流 110 V　　B. 直流 110 V　　　　C. 交流 220 V　　　　D. 直流 24 V

三、问答题

1. 如何判断电梯制动器电气控制回路出现了问题？

2. 制动器被控电气回路由哪些电气器件组成？

【知识巩固】参考答案

 学 习 评 价 表

该部分表格详见附录中表 B1。

任务四　维修平层装置

【案例】

一位老人乘坐某校区 A 电梯，走进电梯时，电梯轿厢地坎低于层门地坎，导致该老人摔跤。后物业运行电梯，观察发现电梯运行到所有楼层停车后，轿厢地坎均低于层门地坎，如图 8-2 所示。

图 8-2　轿厢地坎低于层门地坎

▶ 活动一：明确电梯平层原理

步骤 1：根据表 8-8 中的图片，明确电梯平层装置的组成及作用（表 8-8）。

表 8-8　电梯平层装置的组成及作用

物品	物品名称	安装位置	作用
	编码器	曳引机主轴	通过脉冲计数，反馈电梯速度信息、电梯轿厢位置信息
	电梯上、下平层感应器，电梯上再平层、下再平层感应器	轿厢体侧面等	电梯上行平层， 电梯下行平层， 电梯上行超层时再平层， 电梯下行超层时再平层
	平层感应器隔磁板	轿厢导轨等	阻断平层感应器的光电信号、磁感应信号

步骤 2：观看电梯平层原理讲解视频，结合学习资料，明确电梯平层原理。

1. 观看视频（扫描右边二维码）。

2. 表述原理。

视频

在每一台电梯的轴端都安装了一个旋转编码器，在电梯运行时旋转编码器会产生数字脉冲信号。在控制系统中有一个位置脉冲累加器，当电梯上升时，位置脉冲累加器接收到的旋转编码器发出的脉冲数值增加；当电梯下行时，位置脉冲累加器接收到的旋转编码器发出的脉冲数值减少。

安装好的电梯在正式运行前的调试过程中，进行电梯楼层基准数据的采集（井道自学习工作）。井道自学习可以通过特定的指令自动学习，也可以通过人工操作手动学习。轿厢外侧装有平层感应开关，对应每层装有平层遮光板（隔磁板）。在电梯自下而上的运行过程中，轿厢每到达一层的平层位置，平层感应开关就动作一次。在自学习过程中，控制系统会记下到达每一层平层感应开关动作时位置脉冲累加器的数值，将之作为每一层的基准位置数据。

在正确运行过程中，电梯控制系统会比较位置脉冲累加器和楼层基准位置的数值，得到电梯的楼层信号，并准确平层。

▶ 活动二：制订维修计划

步骤1：运行电梯，逐层检查电梯不平层现象，分析电梯不平层类型，在表8-9中打钩，并分析各种不平层现象的原因，明确处理措施。

表8-9 电梯不平层分析

故障现象	本例（√）	可能原因	处理措施
楼层越平层、欠平层		参数设置	增加或减少参数
上下运行，所有楼层轿厢地坎均高于层门地坎		平层感应器向上移动偏离正常位置	调整平层感应器到正常位置
上下运行，所有楼层轿厢地坎均低于层门地坎		平层感应器向下移动偏离正常位置	调整平层感应器到正常位置
上下运行，个别楼层轿厢地坎均高于层门地坎		该层平层感应器隔磁板位置上移，偏离正常位置	调整平层感应器隔磁板到正常位置
个别楼层上下运行，轿厢地坎均低于层门地坎		该层平层感应器隔磁板位置下移，偏离正常位置	调整平层感应器隔磁板到正常位置
偶尔在任一楼层不平层		曳引钢丝绳有打滑现象	更换曳引钢丝绳或者更换曳引轮
轿厢负载变化导致不平层		曳引钢丝绳伸缩	裁剪曳引钢丝绳
电梯外呼、内呼均不运行，但检修能运行		平层感应器损坏	更换平层感应器
电梯在一楼和二楼之间来回运行数次后自动保护停梯		平层感应器隔磁板脱落	重新定位平层感应器隔磁板并安装

注：更换平层感应器隔磁板后需要进行电梯井道自学习。

步骤2：明确平层技术参数。

查阅 GB 7588.1—2020《电梯制造与安装安全规范　第1部分：乘客电梯和载货电梯》：轿厢的平层准确度应为±10 mm，平层保持精度为±20 mm。

步骤3：制定维修程序。

提示：维修程序包括测量故障参数、调整内容。

▶ 活动三：修复电梯不平层故障

步骤1：根据附录中图 A3 主控系统电路原理图，明确以下问题。

1. 上、下平层感应器所在的电气回路电压类型是哪种？（应为直流电压）

2. 上、下平层感应器所在的电气回路供电电压是多少？（应为 24 V）

步骤2：将测得的测量点数据填入表8-10中，分析数据，判断测量点电压是否正常。

表 8-10　平层控制电路测量数据表

测量回路	测量点	电压测量法 电压值/V	电阻测量法 电阻值/Ω	是否正常
	参考点			
上平层感应器 供电回路	P24			
	YPS			
	X19			
下平层感应器 供电回路	P24			
	YPX			
	X20			

步骤3：分析表8-10中数据，判断故障原因。

步骤4：修复故障部件、元器件或线路。

1. 检查测量步骤如下。

（1）测量1楼平层精度，平层精度为±2 mm。

（2）测量2楼平层精度，平层精度为±30 mm。

（3）根据 GB/T 10058—2009，电梯轿厢的平层准确度为±10 mm。

结论：2楼的平层精度不合格，应把2楼的遮光板下调30 mm。

2. 维修操作步骤如下。

（1）按规范程序进入轿顶，调节该楼层的平层遮光板。

（2）因为轿厢地坎高于层门地坎 30 mm，所以把遮光板下调 30 mm。

（3）调整时，先在遮光板的下方标记好调整的尺寸位置。

（4）用工具把遮光板支架固定螺栓拧松 2～3 圈。

（5）用锤子往下敲击遮光板支架，使之到达应要下调的位置（注意在调整过程中锤子要在支架两边均匀敲击，以防止支架脱落）。

（6）用直角尺或吊锤测量遮光板是否垂直。

（7）以检修模式运行电梯，运行至遮光板插入平层感应器"U"型口，查看遮光板与感应器配合的尺寸是否均匀。

3. 验证功能步骤如下。

（1）调节完毕后，退出轿顶，恢复电梯的正常运行，验证电梯是否平层。

（2）如果还是不平层再微调遮光板，直至完全平层。

（3）紧固支架固定螺栓。

国标链接

根据国标 GB 7588.1—2020，轿厢的平层准确度为 ±10 mm，平层精度为 ±20 mm。

知识巩固

一、填空题

1. 电梯的平层指的是＿＿＿＿＿＿＿＿＿＿＿＿＿＿＿＿＿＿＿＿＿＿。

2. 平层装置包括装在＿＿＿＿＿的 2 个或 3 个＿＿＿＿＿，以及装在＿＿＿＿＿的＿＿＿＿＿。

3. 3 个平层感应器分别叫作＿＿＿＿＿、＿＿＿＿＿和＿＿＿＿＿。

4. 当隔磁板进入感应器时给出＿＿＿＿＿的信号，由＿＿＿＿＿采集，来实现控制电梯的＿＿＿＿＿、＿＿＿＿＿、＿＿＿＿＿和＿＿＿＿＿。

5. 当电梯上行时，位置脉冲累加器接收旋转编码器发出的脉冲数值＿＿＿＿＿；当电梯下行时，位置脉冲累加器接收旋转编码器发出的脉冲数值＿＿＿＿＿。

二、选择题

1. 平层准确度的确定要求轿厢在以下 4 种情况下运行一次，其中不包括（　　）。

A. 单层运行　　　B. 多层运行　　　C. 全程运行　　　D. 超载运行

2. 平层保持精度是轿厢在底层平层位置加载至额定载重量并保持（　　）后，在开门宽度的中部测量层门地坎上表面与轿门地坎上表面间的垂直高度差。

A. 10 min　　　B. 15 min　　　C. 20 min　　　D. 30 min

3. 电梯轿厢的平层准确度宜在（　　）范围内。平层保持精度宜在（　　）范围内。

A. ±8 mm　±17 mm　　　　　　B. ±10 mm　±20 mm

C. ±9 mm　±18 mm　　　　　　D. ±11 mm　±20 mm

三、问答题

1. 简述 4 个平层感应器的平层过程。

2. 轿厢停靠某一楼层站时，轿厢地坎明显高于层门地坎，在其他楼层站的停靠则无这种现象。试分析上述故障原因，并简述故障排除过程。

【知识巩固】参考答案

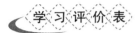 学 习 评 价 表

该部分表格详见附录中表 B1。

拓 展 阅 读　**电梯技术工匠精神**

在电梯电气故障维修中需要很好地体现注重细节、耐心执着、精益求精等的工匠精神。例如，在夹固线头时要使导线按照电气标准充分接触线夹，在拧紧线头后，要用适当力度拉扯导线，确保导线安装牢固可靠。在使用万用表电压挡测量电路判断电气故障范围时，要用黑表笔接确定测量点的参考点，并用红表笔接测量点，确保测量数据的准确性，确保测量仪器万用表设备安全，确保测量人身安全。此外，很多情况下电路的修复不是瞬时的过程，需要测量数据、分析数据，判断故障点用时可能较长，在维修期间应具有不排除故障不罢休的恒心。在维修平层电路过程中，调整电梯使之达到平层精度国标要求，并且反复调整让精度尽可能达到零误差，追求精益求精的工匠精神。

项目九　电梯半月保养

根据《电梯维护保养规则》（TSG T5002－2017）表 A－1，电梯半月保养共包括 31 项维修保养项目，涉及机房空间、井道及底坑空间、层站空间、轿厢空间。

任务一　保养机房空间设备

按照表 9－1 内容保养机房空间设备。

表 9－1　机房空间设备保养清单

学习活动（维保项目）	维保要求	维保周期	维保方法（步骤）
机房、滑轮间环境	1. 进入机房的通道应畅通，通道照明工作正常； 2. 机房门应有足够大的尺寸和强度，且不得向房内开启，门外侧应有"机房重地，闲人莫入"的标志； 3. 机房门锁应能从机房内不用钥匙也能打开； 4. 机房不应用于电梯以外的其他用途，不应放置与电梯无关的设施或物品； 5. 机房通风良好，门窗应防风雨，机房温度应为 5～40 ℃； 6. 机房应有合适的消防设施； 7. 机房地面有任何深度大于 0.5 m、宽度小于 0.5 m 的凹坑或者任何槽坑时，均应盖住； 8. 机房内应有永久性的电气照明设施，机房地面上的照度不应小于 200 lx； 9. 机房内靠近入口（或多个入口）处的适当高度上应设有一个开关，控制机房照明，开关应可靠固定，接线正确； 10. 机房照明电源应与电梯主电源分开； 11. 机房内应设有详细的说明，指出电梯万一发生故障时应遵循的规程，尤其应包括手动或电动紧急运行操作装置和层门开锁钥匙的使用说明； 12. 机房内的各主开关、照明开关，均应设置标志以便于区分	半月	1. 检查机房通道、通道照明、机房门、门上警示标志及门锁是否符合要求； 2. 检查机房消防设施是否齐全、有效； 3. 清理机房内与电梯无关的物品； 4. 断开机房主电源开关； 5. 观察照明开关是否固定可靠，接线等有无异常； 6. 打开机房照明开关，照明灯应正常，必要时可用照度计测量机房地面上的照度； 7. 记录机房温度，如有温度调节设施，应试验其是否能正常工作； 8. 检查机房内各种标志和说明是否齐全、清晰； 9. 清洁机房地面、控制柜、限速器、主机等

学习活动 （维保项目）	维保要求	维保 周期	维保方法（步骤）
手动紧急操作装置	1. 手动紧急操作装置应齐全； 2. 松闸扳手为红色，盘车手轮为黄色，对于可拆卸式的盘车手轮，应有一个电气安全装置在盘车手轮装上驱动主机时动作，并放置在机房内容易接近的明显部位； 3. 盘车手轮上应有指示电梯运行方向的箭头和文字说明； 4. 手动紧急操作装置动作应灵活； 5. 手动紧急操作说明齐全，张贴在手动紧急操作装置旁边	半月	1. 断开机房主电源开关； 2. 检查松闸扳手和盘车手轮及相关部件是否齐全完好，活动是否灵活； 3. 检查松闸扳手、盘车手轮的色标和标志，如不满足应予以完善； 4. 将可拆卸式的松闸扳手和盘车手轮放置在机房内易于拿取的指定位置； 5. 检查盘车手轮开关功能是否有效
驱动主机：曳引机和电动机	1. 驱动主机工作正常，运行时无异常噪声和振动； 2. 曳引轮外侧应涂成黄色	半月	1. 保养时须两人进行，一人在轿厢内操作电梯，使电梯上下正常运行数次； 2. 另一人在机房内观察曳引机和电动机有无异常振动和声响，如有异常振动及声响，应根据制造厂家技术要求进行调整或维修； 3. 检查曳引轮外侧是否被涂成黄色
制动器各销轴部位	1. 各销轴固定可靠，无严重油污，润滑适当，转动灵活； 2. 销轴防脱落部件应齐全，安装正确	半月	1. 断开机房主电源开关； 2. 检查制动器销轴防脱落部件； 3. 将机房检修开关拨至检修位置，合上主电源开关，操作检修装置，使电梯检修运行数次，观察制动器动作是否灵活，制动器两制动臂动作是否同步，必要时根据制造厂家技术要求进行调整； 4. 对制动器活动部位的销轴加注润滑油或润滑脂
制动器间隙	1. 电梯运行时制动衬与制动轮无摩擦； 2. 制动衬表面与制动轮表面之间的间隙应符合制造厂家的技术要求	半月	1. 操作机房检修装置，使电梯上下检修运行数次，观察电梯运行过程中制动衬与制动轮是否有摩擦； 2. 不开车，用抱闸扳手打开制动器，用塞尺检查间隙和闸瓦皮的磨损情况； 3. 按照制造厂家的技术要求及方法调整制动闸瓦上的调整螺母，使制动衬表面与制动轮表面之间的间隙均匀； 4. 限位螺母位置应准确，保证闸瓦间隙为0.3～0.7 mm，锁紧扣帽，使制动器开关在有效行程内动作灵活可靠

（续表）

学习活动 （维保项目）	维保要求	维保周期	维保方法（步骤）
制动器作为轿厢意外移动保护装置制停子系统时的自监测	1. 制动力人工检测方式符合使用维护说明书要求； 2. 制动力自监测系统有记录	半月	1. 检查制动器气隙是否为 0.3～0.45（若不符合要求需先调整制动器气隙）。 2. 制动力检测方法： （1）电梯必须处于检修状态下； （2）电梯门锁闭合且在门区（主板上"X1""X19""X20"灯亮）； （3）用操作器进入"F8－19"功能码，核验检查参数是否为"16384"，若不是则按递增或递减键使 F8－19＝16384； （4）触发方式：用操作器进入"F3－22"功能，按递增或递减键，进入 Bit2 功能，再按位移键，把"0"设置为"1"，按确认键。此时，电梯屏蔽内外呼、开门功能，保持门锁接通，若未关门电梯会自动进行关门，一体机显示"E88"； （5）抱闸检测功能触发后，曳引机会发出啸叫声，系统自动检测制动器制动力。若制动力合格，则系统会自动清除当前 E88 故障，恢复到正常检修状态（或者用操作器进入"F3－22"功能把 Bit2 设置为"0"）；若检测制动器制动力不足，则一体机会报"E66"故障。 （6）"E66"故障为 5 级故障（最高级别），需要专业人员按照安全操作规程，先对制动器进行调整至符合要求，再重新对制动器进行制动力检测并合格后，在检修状态下用操作器按"STOP/RES"键复位，方能正常使用电梯。 3. 制动力自监测系统记录：F8－14＝1（"1"为合格，"2"为不合格）
编码器	1. 表面清洁； 2. 固定可靠、无松动； 3. 接线可靠，无破损、老化现象	半月	1. 断开机房主电源开关； 2. 紧固编码器固定螺丝； 3. 检查并清洁编码器及接线
限速器各销轴部位	各销轴固定可靠，无严重油污，润滑适当，转动灵活	半月	1. 断开机房主电源开关； 2. 检查紧固限速器各销轴，对限速器各活动部位的销轴加注润滑油或润滑脂； 3. 对于有铅封的部位，不允许随意拆开调整； 4. 查封记日期，仔细查看钢丝绳是否有断丝，试动作开关，手动使限速器动作，看安全钳能否制动电梯； 5. 观察限速器电气开关是否先于限速器动作，动作速度符合动作值和铭牌要求

学习活动 （维保项目）	维保要求	维保周期	维保方法（步骤）
层门和轿门旁路装置	工作正常	半月	1. 检查机房层门和轿门旁路装置线路、插件、接线端子有无问题。 2. 检查旁路装置是否有破损。 3. 检修运行，使轿厢位于层门门洞的中间合适位置。 4. 层门门旁路验证： （1）在断电状态下，拆除控制柜上的 11A 或 110 端子上的下部线（或在检修状态下，打开层门放置顶门器使得层门留一个小缝，以便与机房人员交流），确保层门锁断开（主板上"X26"与"X27"灯灭）； （2）将 XLD－MSPL 板的 S1 短接插头拔出，插入 S2 插座左侧（主板上"X4"与"X21"灯灭，"X26"与"X27"灯应再次亮起，如有故障，排除后方可进入下一步）； （3）电梯检修运行时，轿厢底部发出声光报警信号（"Y14"灯亮，如无法检修运行或运行时无声光报警需要排除相关故障）。 5. 轿门门旁路验证与层门验证的区别如下： （1）在检修状态下，拧紧防扒门装置蝴蝶螺丝，使得触点断开，关闭层门，验证轿门锁断开（"X26"亮，"X27"灭）； （2）取出 S1 短接插头，插入 S2 插座右侧； （3）电梯检修运行时，轿厢底部发出声光报警信号（Y14 灯亮，如无法检修运行或运行时无声光报警需要排除相关故障）
紧急电动运行	工作正常	半月	1. 确认电梯上/下极限开关、缓冲器开关、限速器开关、安全钳开关功能、线路正常有效； 2. 将机房断电，人为断开限速器开关（上/下极限开关、缓冲器开关、限速器开关、安全钳开关中的一个开关），去除紧急电动继电器； 3. 确认电梯正常状态时安全回路断开； 4. 将机房断电，恢复紧急电动继电器，确认电梯检修状态下安全回路正常，电梯能检修上下运行。 5. 将机房断电，恢复限速器开关。 注：可以在做实验前，利用之前进入底坑与轿顶保养的机会，验证各个安全开关是否短路或断路，这样可以提高工作效率

 知 识 巩 固

一、填空题

1. 机房空间包括的电梯设备有_____、_____、_____、_____、_____、_____、_____、_____、_____。

2. 制动器松闸时两侧闸瓦应同步离开制动轮表面，且其间隙应不大于_____。

3. 机房照明亮度要求达到_____lx。

4. 检查制动器各销轴部位时，要求_____，电磁衔铁_____。

5. 检查层门和轿门旁路装置时，要求在_____情况下，检查_____。

二、选择题

1. 检查限速器各销轴部位不需要做到以下哪项？（   ）

A. 检查限速器运转是否灵活可靠

B. 检查限速器旋转部位的润滑情况是否良好

C. 检查限速器上的绳轮裂纹和绳槽磨损情况

D. 检查轿顶停止装置和轿顶检修开关工作是否正常

2. 机房、滑轮间环境半月保养不包括（   ）。

A. 清除机房内与电梯无关的杂物，特别是易燃、易爆物

B. 清扫机房地面上的尘埃及油污

C. 检查机房内的温度和照明亮度是否符合要求

D. 检查机房门窗是否符合要求

3. 半月维保中在驱动主机方面要做到以下哪一项？（   ）

A. 注意检查驱动主机运转时的声音

B. 清扫机房地面上的尘埃及油污

C. 检查机房内的温度和照明亮度是否符合要求

D. 检查机房门窗是否符合要求

三、问答题

1. 简述检查限速器运转是否灵活可靠的一般方法。

2. 请回答制动器半月维保的内容与要求。

【知识巩固】参考答案

 学 习 评 价 表

该部分表格详见附录中表 B2。

任务二 保养井道及底坑空间设备

按照表9-2内容保养井道及底坑空间设备。

表9-2 保养井道及底坑空间设备

学习活动（维保项目）	维保要求	维保周期	维保方法（步骤）
轿顶	1. 轿顶应清洁，无油污和杂物； 2. 轿顶应有足够的强度，在轿顶的任何位置上，都能支撑2个人的体重； 3. 轿顶应有一块不小于0.12m²的用于站人的面积，其短边不应小于0.25 m； 4. 如有护栏，护栏的设置应满足制造标准的要求，并有关于"俯伏或斜靠护栏危险"的警示标志或须知，固定在护栏的适当位置； 5. 固定在轿顶上的滑轮或链轮应按制造标准的要求设置防护装置，固定可靠	半月	1. 按规定方法进入轿顶； 2. 操作轿顶检修装置使轿厢检修运行至适当位置，断开驱动主机电源； 3. 清洁轿顶的油污及杂物； 4. 用手晃动轿顶防护栏，观察防护栏是否晃动，如晃动，用扳手紧固防护栏的紧固螺栓； 5. 检查防护栏上是否张贴有"俯伏或斜靠护栏危险"的警示标志，如缺失、破损或字迹模糊不清应予以更换； 6. 紧固轿顶上的滑轮或链轮的防护罩
轿顶检修开关、停止（急停）开关	1. 轿顶检修开关、急停开关外观完好，固定可靠，接线正确。 2. 轿顶应当装设一个易于接近的检修运行控制装置，并且符合以下要求： (1) 经由一个符合电气安全装置要求、能够防止误操作的双稳态开关（检修开关）进行操作； (2) 一旦进入检修运行状态即取消正常运行，只有再一次操作检修开关，才能使电梯恢复正常工作； (3) 依靠持续揿压按钮来控制轿厢运行，此按钮设有防止误操作的保护，在按钮上或其近旁标出相应的运行方向； (4) 该装置上设有一个停止装置，停止装置的操作装置为双稳态开关（红色并标有"停止"字样，并且设有防止误操作的保护）； (5) 检修运行时，安全装置仍然起作用。 3. 轿顶应当装设一个从入口处易于接近（距层站入口水平距离不大于1 m）的停止装置，停止装置的操作装置为双稳态开关（红色并标有"停止"字样，并且设有防止误操作的保护）。如果检修运行控制装置设在从入口处易于接近的位置，那么该停止装置也可以设在检修运行控制装置上。 4. 停止装置应能停止电梯并使电梯保持在非服务的状态	半月	1. 将电梯停在合适位置，打开厅门，进入轿顶前，观察检修控制装置和急停开关的外观是否完好，标志或颜色是否齐全、正确，位置是否合适。 2. 在上轿顶前，操作轿顶急停按钮，关闭厅门，操作层站处呼梯按钮，确认轿厢不能自动运行。打开厅门，操作轿顶检修开关，恢复急停开关，关闭厅门，操作层站处呼梯按钮，确认轿厢不能自动运行。 3. 打开厅门，进入轿顶，保持厅门开启，操作轿顶检修控制装置，使之向上或向下，电梯应不能启动。关闭厅门，操作轿顶检修控制装置，使之向上或向下，电梯应随动作可靠启动或停止。同时，试验防误操作功能是否有效。 4. 电梯以检修速度运行时，按下轿顶急停按钮或其他部位安全开关，电梯应立即停止运行，再操作检修装置，应不能启动电梯。 5. 将电梯停在合适位置，操作急停开关，打开厅门，退出轿顶，恢复急停开关和检修开关，关闭厅门，电梯应恢复正常

（续表）

学习活动（维保项目）	维保要求	维保周期	维保方法（步骤）
油杯（导靴上油杯）	1. 油杯固定可靠，无破损，油杯上油毡、油绳应齐全，油毡磨损量符合制造厂家要求； 2. 油杯内油量适当	半月	1. 按规定方法进入轿顶，切断驱动主机电源； 2. 检查油杯固定是否可靠，油杯上油毡、油绳是否齐全，油毡磨损量是否符合制造厂家技术要求，油杯有无破损泄漏，若有应予以更换； 3. 按制造厂家对油品及油量的要求添加润滑油
对重块及对重压板	对重块无松动，对重压板紧固	半月	1. 按规定方法进入轿顶； 2. 操作轿顶检修装置，使轿厢检修运行至与对重同一水平位置处，切断驱动主机电源； 3. 检查对重压板是否齐全，如有缺失应添补齐全； 4. 紧固对重压板的固定螺栓
井道照明	1. 井道内应设有永久性的电气照明装置，在机房内易于接近处应设有照明开关。 2. 井道照明开关应可靠固定，正确接线。 3. 井道照明开关上或附近应有清晰明显的标志。 4. 井道照明电源应与电梯驱动主机电源分开。 5. 井道照明应这样设置：距井道最高点和最低点 0.5 m 以内各装设一盏灯，再设中间灯。对于部分封闭的井道，如果井道附近有足够的电气照明设施，井道内可不设照明。 6. 当所有的门都关闭时，在轿顶面和底坑地面以上 1 m 处的照度至少为 50 lx。 7. 如果电梯其他部位也设置有可以控制井道照明的开关，那么这些开关应能分别独立控制井道照明	半月	1. 检查井道照明开关的外观、接线和标志； 2. 当电梯停止时，切断电梯主电源，再打开井道照明开关，通过机房地面绳孔观察，井道内照明应已经点亮； 3. 按规定方法进入轿顶，操作轿顶检修运行装置，使电梯检修运行井道全程，站在轿顶安全位置观察井道各照明灯工作是否正常； 4. 观察轿顶的照度是否足够，当电梯运行到接近底坑时，观察底坑地面是否有足够的照度，必要时使用照度计在轿顶和底坑处进行测量
底坑环境	1. 底坑内应清洁，无杂物及严重油污； 2. 底坑无渗水、积水； 3. 距底坑地面 0.5 m 内装设一个照明装置，底坑地面以上 1 m 处的照度不小于 50 lx； 4. 底坑爬梯（如有）应固定可靠	半月	1. 按规定方法进入轿顶，检修运行电梯至便于维修人员操作的位置，切断驱动主机电源。 2. 在底层用三角钥匙打开层门，按规定方法进入底坑后断开底坑急停开关。 3. 打开底坑照明开关，观察底坑照明工作是否正常。如不正常，应检查开关、照明灯或者照明线路，更换损坏部件。 4. 清洁底坑垃圾及杂物。 5. 检查底坑有无积水和渗水，若有应告知使用单位整改

（续表）

学习活动 （维保项目）	维保要求	维保周期	维保方法（步骤）
底坑急停开关	1. 急停开关固定可靠，外观无破损； 2. 急停开关应为双稳态开关，操作装置（如有）应是红色，并标有"停止"字样； 3. 急停开关应能停止电梯并使电梯保持在非服务的状态； 4. 不进入地坑也应能操作急停开关； 5. 急停开关接线可靠、正确	半月	1. 一人按规定进入轿顶，操作电梯驶离底层端站并停止后，另一人用开锁装置打开底层端站层门，将层门可靠保持在开门状态； 2. 打开照明装置，观察底坑急停开关外观及固定情况； 3. 进入底坑前，操作底坑急停开关，关上层门，操作轿顶检修运行控制装置，观察电梯轿厢启动情况； 4. 打开层门，进入底坑后关闭层门，检查急停开关的接线情况； 5. 恢复底坑急停开关，操作检修运行控制装置，向上运行电梯，在电梯轿厢运行中按下底坑急停开关，使电梯轿厢不能继续运行

知识巩固

一、填空题

1. 井道包含_____等电梯部件。

2. 地坑包含_____等电梯部件。

3. 井道照明半月维保检查步骤：第一步，_____；
第二步，_____。

4. 底坑环境半月维保检查步骤：第一步，_____；
第二步，_____。

5. 底坑停止装置半月维保步骤：进入底坑，将_____，分别按下_____、_____，查看电梯是否停止运行。

二、选择题

1. 不属于井道、底坑半月维保内容的是（　　）。

A. 井道照明　　　　B. 底坑环境　　　　C. 底坑停止装置　　　　D. 缓冲器

2. 将电梯开至（　　），进入轿顶，以检修状态逐层向下运行，查看照明灯是否正常。

A. 最低层　　　　B. 最高层　　　　C. 中间层　　　　D. 基站

3. 滑动导靴内表面与导轨侧工作面之间的间隙要求：两侧间隙之和应不大于（　　）。

A. 1.0 mm　　　　B. 1.2 mm　　　　C. 1.3 mm　　　　D. 1.5 mm

三、问答题

1. 简述对重块及对重压板半月维保内容与要求。

2. 简述平层装置半月维保的内容与要求。

【知识巩固】参考答案

该部分表格详见附录中表 B2。

任务三　保养层站空间设备

按照表 9-3 内容保养层站空间设备。

表 9-3　层站空间设备保养清单

学习活动 （维保项目）	维保要求	维保周期	维保方法（步骤）
层站召唤、层楼显示	1. 层站显示清晰、正确； 2. 层站按钮齐全，固定可靠，按钮标志与其对应功能一致，按钮灯显示清晰	半月	1. 在层站处观察所有按钮和显示，其应无破损，安装正确，固定可靠； 2. 逐一操作按钮，观察按钮是否有效，功能与标志是否一致； 3. 电梯运行时，观察层站显示是否清晰、正确； 4. 对于消防、超载等功能性显示，可以在做相应项目维保时观察
层门地坎	层门地坎固定可靠，无变形，地坎内无杂物	半月	1. 在轿厢内正常运行电梯至每一层站，当电梯停止并开门到位后，断开电梯驱动主机电源，检查地坎外观和固定情况； 2. 使用清洁工具清洁层门地坎，清理出的杂物收集后放于大楼指定收集处
层门自动关闭装置	1. 当轿厢在开锁区域之外时，层门自动关闭装置在没有外力作用下应能使层门自动关闭； 2. 层门关闭时应无阻碍； 3. 如采用重块作为层门自动关闭装置，应有防止重块坠落的措施	半月	1. 按规定方法进入轿顶，检修运行电梯至合适位置，切断电梯驱动主机电源。 2. 检查并清洁层门自动关闭装置各部件。用手按门机皮带以检查张紧度，并检查开关有无异常扭曲，开关门数次，查看电气线控制、机械活络关节并注油润滑。 3. 手动开足层门，然后减小开门的力，让门在没有外力作用的情况下慢慢关闭，观察有无阻碍，必要时进行调整。 4. 当采用重块作为层门自动关闭装置时，工作人员还应检查每一层层门的防坠措施是否可靠。 5. 底层端站层门的检查应在轿厢内进行。 6. 用棉纱擦拭上坎和下坎，去油垢后检查各部位间隙，用直尺测量门锁轮距离，在活动部位点少许机油润滑。触头无人为弯曲、腐蚀，层门门锁啮合长度不小于 7 mm，用 100 N（牛顿）的外力打不开层门，调整偏心轮与上坎下端之间的间隙，使之不大于 0.5 mm，层门自动关闭装置可靠，门角无松动，地坎清洁无杂物

（续表）

学习活动 （维保项目）	维保要求	维保周期	维保方法（步骤）
层门门锁自动复位	1. 动作灵敏无阻碍，部件无缺失； 2. 用层门钥匙打开手动开锁装置并释放后，层门门锁能自动复位	半月	1. 按规定方法进入轿顶，检修运行电梯至合适位置，切断电梯驱动主机电源； 2. 检查并清洁层门门锁； 3. 手动打开层门，用开锁装置打开门锁后释放，看层门门锁能否自动复位，必要时进行调整； 4. 底层端站层门的检查应在轿厢内进行
层门门锁电气触点	1. 层门门锁清洁无污物，固定可靠，动作灵敏无阻碍； 2. 层门门锁无扭曲变形、锈蚀、破损等，触点表面无污垢、积炭等； 3. 触点接触良好，接线正确、可靠、无破损老化现象	半月	1. 按规定方法进入轿顶，检修运行电梯至便于维修人员操作的位置，切断驱动主机电源； 2. 手动开启层门，用抹布蘸酒精洁清门锁动、静触点表面的灰尘； 3. 检查层门门锁触点表面是否光滑，若有轻微烧蚀，表面有少量毛刺，可以用沙皮纸打磨修正；若触点有凹陷或被电弧严重烧蚀，应更换触点； 4. 用手轻拉门锁触点连接导线，观察接线是否紧固，若松动应紧固
层门锁紧元件啮合长度	1. 层门门锁触点接通前，门锁啮合长度不小于 7 mm； 2. 门锁触点接通后，门锁锁紧原件应仍有一定的行程； 3. 保持门锁锁紧的元件应无缺失并动作灵敏有效； 4. 杂物电梯门锁啮合长度不小于 5 mm	半月	1. 按规定方法进入轿顶，检修运行电梯至便于维修人员操作的位置，切断驱动主机电源。 2. 关闭层门后测量门锁锁钩的啮合长度。在门锁电气触点动作以前，锁钩啮合长度需满足以下条件：客梯、货梯不小于 7 mm，杂物电梯不小于 5 mm。若不能满足以上条件，应用扳手调整门锁位置，使啮合长度符合上述要求

知识巩固

一、填空题

1. 检查安全触板（或光电保护器）是否_____。

2. 定期在_____用薄油润滑一次，当销轴_____时必须更换。

3. 在正常情况下，应使_____

刚好接触，在_____下，只要触板摆动，触点便立即动作。

4. 检查轿门门锁电气触点，应_____。

5. 检查轿厢门门板有无_____。

二、选择题

1. 轿门运行检查不包括(　　)。

A. 检查轿厢门扇在运行时是否平稳，有无跳动现象

B. 检查门导轨有无松动，门导靴（滑块）在门坎槽内运行是否灵活，两者之间的间隙是否过大或过小；保持清洁并加油润滑；门导靴若磨损严重应予以更换

C. 检查门滑轮及配合的销轴有无磨损，紧固螺母有无松动

D. 检查机房门窗是否符合要求

2. 层站召唤、层楼显示检查有（　　　）。

A. 检查轿厢门扇在运行时是否平稳，有无跳动现象

B. 检查外呼面板上上呼梯和下呼梯按钮是否正常

C. 检查门滑轮及配合的销轴有无磨损，紧固螺母有无松动

D. 检查机房门窗是否符合要求

3. 层门门锁电气触点应清洁，触点接触良好，接线可靠，其触点间触碰行程为（　　　）

A. 1～4 mm　　　B. 2～4 mm　　　　C. 3～4 mm　　　　D. 1～2 mm

三、问答题

1. 简述门系统半月维保的内容。

2. 简述层门锁紧元件啮合长度的检查方法。

【知识巩固】参考答案

该部分表格详见附录中表 B2。

任务四　保养轿厢空间设备

按照表 9−4 内容保养轿厢空间设备。

表 9−4　轿厢空间设备保养清单

学习活动 （维保项目）	维保要求	维保周期	维保方法（步骤）
轿厢照明、风扇、应急照明	1. 轿厢内应设有永久性的电气照明装置、通风装置、应急照明装置，如果电气照明装置是白炽灯，至少要有 2 只并联的灯泡； 2. 在轿厢内或者机房内易于接近处应设有照明和风扇开关，该开关应与电梯驱动主机电源分开； 3. 轿厢照明和风扇开关应可靠固定，正确接线，轿厢照明和风扇开关上或附近应有清晰明显的标志； 4. 轿厢控制装置上和轿厢地板上的照度宜不小于 50 lx； 5. 运行过程中轿厢照明应连续； 6. 应急照明装置应由可充电的应急电源供电，当正常照明电源中断时，能够自动接通应急照明装置电源	半月	1. 进入轿厢打开轿厢开关面板，观察轿厢照明开关、风扇开关外观和标志； 2. 打开轿厢照明和风扇开关，照明和风扇应能正常启动，必要时可用照度计测量照度； 3. 在轿厢内正常运行电梯，观察运行过程中轿厢照明是否连续； 4. 在电梯停止运行时，断开机房主电源开关，不能切断轿厢照明和风扇电源，应急照明装置不应启动； 5. 在机房内切断轿厢照明电源，应急照明装置应能正常启动，控制装置上应有足够的照度

（续表）

学习活动 （维保项目）	维保要求	维保周期	维保方法（步骤）
轿厢检修开关、停止（急停）开关	1. 轿厢检修开关、急停开关外观完好，固定可靠，接线正确； 2. 轿厢内如有检修运行操作装置，应符合以下要求： （1）有一个双稳态开关（检修开关）进行操作； （2）一经进入检修运行状态，即取消正常运行，只有再一次操作检修开关，才能使电梯恢复正常工作； （3）依靠持续揿压按钮来控制轿厢运行，按钮上或其近旁标出相应的运行方向。 （4）该装置上设有一个停止装置（急停开关），停止装置的操作装置为双稳态开关（红色并标有"停止"字样）； （5）检修运行时，安全装置仍然起作用； （6）当轿顶检修控制装置将电梯置于检修状态时，轿厢内应不能再操作电梯检修运行； 3. 停止装置（急停开关）应能停止电梯并使电梯保持在非服务的状态	半月	1. 进入轿厢，观察检修控制装置和急停开关的外观是否完好，标志和颜色是否齐全、正确，位置是否合适。 2. 按住开门按钮，使电梯保持开门状态，随机按下轿厢内呼梯按钮，有响应后操作急停开关，观察电梯，确认电梯运行指令被取消。操作轿厢内或层站呼梯按钮，电梯不能再响应。恢复急停开关。 3. 按住开门按钮，使电梯保持开门状态，随机按下轿厢内呼梯按钮，有响应后操作检修开关，观察电梯并确认电梯运行指令被取消，操作轿厢内或层站呼梯按钮，电梯不能再响应。 4. 按住开门按钮，使电梯保持开门状态，操作检修控制装置使之向上或向下，电梯应不能启动。关闭电梯门，操作检修控制装置使之向上或向下，电梯应随动作可靠启动或停止。 5. 操作电梯使之以检修速度运行时，按下轿厢急停按钮，电梯应立即停止运行，再操作检修控制装置，应不能启动电梯。 6. 再一次操作轿厢检修开关，电梯应恢复正常运行
轿内报警装置、对讲系统、警示标识	1. 轿厢内应装设易于乘客识别和触及的报警装置，该装置应采用一个对讲系统以便与救援服务持续联系； 2. 电梯行程超过 30 m 时，轿厢和机房之间应设置对讲装置； 3. 报警装置、对讲系统应由可充电的应急电源供电	半月	1. 进入轿厢检查轿厢内警铃按钮及对讲装置的标志是否齐全，如不全或损坏，应更换； 2. 按轿内警铃按钮，听警铃工作是否正常，如不正常，应对损坏部件进行维修或更换； 3. 将电梯停在某一层站，打开电梯门，若设有轿厢和机房的对讲装置，则试验对讲装置，对讲装置应能有效沟通； 4. 切断机房主电源开关，操作轿厢内对讲装置，测试对讲装置能否与建筑物内管理部门进行有效通话，如不能通话应检查相关对讲设备和通信线路； 5. 检查轿厢内安全检验合格标志、安全乘梯须知是否齐全，并将之张贴在显著位置

（续表）

学习活动（维保项目）	维保要求	维保周期	维保方法（步骤）
轿内显示、指令按钮IC卡系统	1. 显示清晰，功能正确； 2. 按钮齐全，固定可靠，按钮标志与其对应功能一致，按钮灯功能齐全、有效、显示清晰	半月	1. 进入轿厢，检查轿内显示和所有按钮是否有破损，固定是否可靠； 2. 逐一操作按钮，观察按钮是否有效，功能与标志是否一致； 3. 电梯运行时，观察轿内显示是否清晰、正确； 4. 对于消防、超载等功能性显示，可以在做相应项目维保时观察
轿门安全装置（安全触板，光幕、光电等）	1. 轿门安全装置应固定可靠，动作灵敏无阻碍； 2. 安全装置的功能在轿门运行的整个行程内有效（每个主动门扇的最后50 mm行程除外）	半月	1. 将电梯停于某一层站，打开门，使门保持开启不关闭，检查轿门安全装置固定是否可靠； 2. 清洁轿门安全装置，若有活动部件，应检查活动部件是否有阻碍，必要时适当润滑； 3. 进入轿厢，解除开门保持状态，在门关闭过程中人为使轿门安全装置动作，观察门能否重新开启
轿门门锁电气触点	1. 轿门门锁清洁无污物，固定可靠，动作灵敏无阻碍； 2. 轿门门锁无扭曲变形、锈蚀、破损等，触点表面无污垢、积炭等； 3. 触点接触良好，接线正确、可靠、无破损老化现象	半月	1. 按规定方法进入轿顶，将电梯检修运行至合适位置，切断驱动主机电源，打开厅门，将厅门可靠保持在开门状态； 2. 检查并清洁轿门门锁，必要时适当润滑，用细砂纸清洁门锁触点； 3. 检查门锁触点接线紧固情况，检查线路破损老化情况
轿门运行	1. 运行中无脱轨、机械卡阻或行程终端错位现象； 2. 导向装置和应急导向装置固定可靠； 3. 轿门及轿门部件无松动、锈蚀、破损和变形	半月	1. 在检查其他项目过程中，如轿门运行，可检查轿门在运行中是否有脱轨、机械卡阻或行程中端错位； 2. 切断驱动主机电源，手动关闭轿门，在轿厢内检查轿门表面情况，测量门扇之间及门扇与立柱、门楣和地坎之间的间隙，必要时进行调整； 3. 将轿厢停在合适位置，打开厅门，将厅门可靠保持在开门状态，检查并清洁轿门上各固定部件； 4. 检查并清洁导向装置，必要时适当润滑
轿厢平层精度	轿厢平层精度应符合有关标准或制造厂家技术要求	半月	轿厢的平层准确度应为±10 mm，平层保持精度为±20 mm

知识巩固

一、填空题

1. 轿顶、轿顶检修开关、停止装置的检查：检查_____

工作是否正常；将电梯置于_____，进入轿顶进行清洁。

2. 若油杯中油少于总油量的_____，则需要加注专用的导轨润滑油。加油后，操纵电

梯_____，观察导轨的润滑情况。

3. 轿内地板照明度应在_____以上。

4. 操作面板全部按钮应_____、_____、_____。

5. 轿厢空间设备半月维保的内容包含_____

_____。

二、选择题

1. 不属于导靴上油杯的半月维保项目的是（　　）。

A. 清理油杯表面和导靴及导轨面上污物、灰尘

B. 检查外呼面板上上呼梯和下呼梯按钮是否正常

C. 检查油杯中的油量

D. 检查油杯上的油毡能否接触导轨的两边，以给导轨上油

2. 不属于轿厢内的显示、照明、通风、检修、报警等装置的半月维保项目的是（　　）。

A. 清理油杯表面和导靴及导轨面上污物、灰尘

B. 检查轿厢内的照明与通风装置

C. 检查轿厢检修盒内的检修开关、停止装置

D. 检查报警装置、对讲装置

3. 不属于检查轿内显示、指令按钮、IC卡系统的半月维保项目的是（　　）。

A. 检查电梯是否能检测到IC，进而运行电梯

B. 操作内呼面板上各按钮，观察电梯状态是否符合按钮功能

C. 检查轿厢检修盒内的检修开关、停止装置

D. 进入轿厢，查看内呼面板显示是否正常

三、问答题

1. 简述轿厢内的照明与通风装置的维保内容。

2. 简述导靴上油杯的维保内容。

【知识巩固】参考答案

该部分表格详见附录中表 B2。

拓展阅读　　**电梯岗位作业合作与沟通职业素养**

　　电梯总体分为机房、井道、轿厢、层站四大立体空间。特别是垂直运行电梯，四大空间跨越距离长，电梯安装、维修、保养时，根据国标要求需要两人配合进行操作，需要两人通过五方通话等方式及时沟通，确保人员处在安全环境中。在有效沟通前提下，人员分工合作，确保自身及周围环境中的人员安全。

项目十　电梯季度保养

根据 TSG T5002－2017《电梯维护保养规则》表 A－2 季度维护保养项目（内容）和要求，电梯季度保养共包括 13 项维修保养项目，涉及机房空间、井道及底坑空间、层站空间、轿厢空间。

任务一　保养机房空间设备

按照表 10－1 内容保养机房空间设备。

表 10－1　机房空间设备保养清单

学习活动 （维保项目）	维保要求	维保周期	维保方法（步骤）
减速机润滑油	1. 减速机内油量要适宜； 2. 除蜗杆伸出端外均无渗漏	季度	1. 断开机房主电源开关； 2. 观察减速机润滑油的油量是否适宜：对于有油针或者油位镜的装置，油位应在上述装置刻度范围内，如油位指示低于刻度下限，应根据制造单位规定的油品型号加注润滑油； 3. 检查油位镜和端盖处是否有渗漏油现象，如有渗漏油现象需更换衬垫； 4. 检查蜗杆伸出端处是否有渗漏油，若渗漏油量超过 150 cm^2/h，则需更换蜗杆伸出端处的油封
制动衬	1. 制动衬表面应清洁，无油污； 2. 制动衬磨损量不应超过制造单位要求	季度	1. 断开机房主电源开关； 2. 检查制动衬及制动轮工作情况：制动衬、制动轮表面应清洁，无油污，若有油污应在做好安全防护的前提下，拆下制动臂并用抹布进行清洁； 3. 测量制动衬磨损量，若磨损量超过制造厂家规定，应按制造厂家技术要求及方法更换

学习活动（维保项目）	维保要求	维保周期	维保方法（步骤）
编码器（位置脉冲发生器）	1. 固定可靠，表面清洁无灰尘； 2. 接线可靠，无松动	季度	1. 断开机房主电源开关； 2. 清洁编码器表面灰尘； 3. 轻拉编码器接线，检查编码器接线是否紧固，若有松动应紧固
选层器动、静触点	1. 选层器固定可靠，无晃动； 2. 动、静触点表面清洁，无灰尘； 3. 动、静触点工作正常，表面无烧蚀	季度	1. 断开机房主电源开关； 2. 检查位置脉冲发生器固定是否可靠； 3. 用抹布清洁位置脉冲发生器表面灰尘； 4. 轻拉位置脉冲发生器接线，检查位置脉冲发生器接线是否紧固，若有松动应紧固
曳引轮槽悬挂装置（曳引钢丝绳）	1. 曳引轮槽和曳引钢丝绳表面应清洁，不应粘有尘渣等污物； 2. 曳引钢丝绳张力应均匀，任何一根绳的张力与所有绳之张力平均值的偏差均不大于5%	季度	1. 断开机房主电源开关； 2. 检查曳引轮槽及曳引钢丝绳有无油污，若油污严重应清洗； 3. 调整曳引钢丝绳张力至满足要求。 （1）在轿顶操作检修装置，使电梯检修上下运行，将轿厢开到适当高度，以便于检查测量为宜，断开轿顶急停开关。 （2）逐根测量曳引钢丝绳张力；用测力计将各曳引钢丝绳拉至同一直线位置，分别读取各曳引钢丝绳张力读数，计算出各曳引钢丝绳的平均张力值。 （3）将各曳引钢丝绳张力读数与平均值相比较，将其差值除以平均读数后，数值均应在5%之内。若数值大于5%，应调整该钢丝绳绳头装置的弹簧压紧螺母，使张力满足规范要求
限速器轮槽、限速器钢丝绳	限速器轮槽和限速器钢丝绳表面应清洁，不应粘有尘渣等污物	季度	1. 断开机房主电源开关。 2. 检查限速器轮槽内是否有油污，若油污严重，先固定住限速器绳张紧轮，卸下限速器钢丝绳后用溶剂（如煤油等）清洗。 3. 合上机房主电源开关，在机房内检修运行电梯，检查限速器钢丝绳表面有无油污。若油污严重，用溶剂（如煤油等）清洗。 4. 手动检查数次，对轮轴注油，用直尺测量下轮距底坑距离。开关应完好、有效，下轮高度符合规定（300 mm以上）

一、填空题

1. 电梯的季度维护保养是电梯在每使用_____后需要进行的一项较为综合的维修保养。

2. 机房空间设备季度维护保养有_____、_____、_____、_____、_____。

3. 曳引轮槽、悬挂装置维护保养基本要求是_____。

4. 限速器轮槽、限速器钢丝绳维护保养基本要求是_____。

5. 编码器绳维护保养基本要求：_____。

二、选择题

1. 以下哪项是减速机润滑油维护保养基本要求？（　　）

A. 油量适宜，除蜗杆伸出端外均无渗漏

B. 清洁，磨损量不超过制造单位要求

C. 清洁，无烧蚀

D. 清洁，无严重油污

2. 以下哪项是曳引轮槽、悬挂装置维护保养基本要求？（　　）

A. 油量适宜，除蜗杆伸出端外均无渗漏

B. 清洁，钢丝绳无严重油污，张力均匀，符合制造单位要求

C. 清洁，无烧蚀

D. 清洁，无严重油污

3. 以下哪项是制动衬维护保养基本要求？（　　）

A. 油量适宜，除蜗杆伸出端外均无渗漏

B. 电气安全装置功能有效，油量适宜，柱塞无锈蚀

C. 清洁，无烧蚀

D. 清洁，无严重油污

三、问答题

1. 简述机房空间设备季度维护保养项目及要求。

2. 简述制动器闸瓦更换步骤。

【知识巩固】参考答案

该部分表格详见附录中表 B2。

任务二　保养井道及底坑空间设备

按照表10-2内容保养井道及底坑空间。

表10-2　井道及底坑空间保养清单

学习活动 （维保项目）	维保要求	维保周期	维保方法（步骤）
靴衬、滚轮	1. 导靴固定可靠，无严重油污，靴衬磨损量满足制造厂家要求； 2. 滚轮架固定可靠，滚轮表面无油污、变形、老化等现象，活动部位润滑适当，磨损量满足制造厂家要求	季度	1. 按规定方法进入轿顶，切断主机驱动电源。 2. 清洁轿顶靴衬或滚轮与导轨之间的杂物，检查靴衬或滚轮是否有磨损、变形或老化现象，达到制造厂家更换要求的，应予以更换，对活动部位进行润滑。 3. 一人按规定方法进入底坑，另一人在轿顶检修运行电梯至适合底坑维保人员检查的位置，切断驱动主机电源。 4. 清洁轿底靴衬或滚轮与导轨之间的杂物，检查靴衬或滚轮是否有磨损、变形或老化现象，达到制造厂家更换要求的，应予以更换，对活动部位进行润滑。 5. 测量导靴与导轨间隙。在井道中部用手撑住井壁，晃动轿厢或用塞尺检查间隙，清洁外表，保证间隙符合要求，有弹簧导靴为2 mm，无弹簧导靴为0.5 mm，主、副导靴磨损1/3时需更新
缓冲器	1. 缓冲器固定可靠，柱塞有防尘、防锈措施，油量适宜； 2. 电气安全装置固定可靠，安装位置正确，外观无破损，动作灵敏，接线可靠； 3. 缓冲器动作后，电气安全装置应能使电梯不能继续运行或不能启动； 4. 耗能型缓冲器液位应当正确，有验证柱塞复位的电气安全装置	季度	1. 按规定方法进入底坑。 2. 清洁缓冲器及柱塞表面灰尘。 3. 检查缓冲器柱塞表面有无锈蚀，如有锈蚀应用合适的砂纸进行打磨，然后在表面涂上润滑脂（如黄油等）防锈。 4. 打开缓冲器顶端的注油孔的螺帽或者螺丝，用油量测试器检测缓冲器油量。若油量不足，应加注制造厂家规定型号的机油，使油量满足要求。 5. 检查缓冲器复位开关工作是否正常： （1）断开开关，在轿顶检修运行电梯，轿厢应不能启动； （2）复位开关，在轿顶检修运行电梯，轿厢能正常检修运行。 若不能满足要求，需要对开关进行检查，更换损坏电气开关。 维护保养结束后，应对缓冲器罩上防护罩

（续表）

学习活动（维保项目）	维保要求	维保周期	维保方法（步骤）
限速器张紧轮装置和电气安全装置	1. 张紧轮装置安装正确，固定可靠，无严重油污； 2. 张紧轮动作灵活，运转时无异声，润滑适当； 3. 电气安全装置固定可靠，安装位置正确，外观无破损，动作灵敏，接线可靠； 4. 导向装置无阻碍	季度	1. 按规定方法进入底坑。 2. 紧固张紧轮装置上的固定螺母。 3. 清洁限速器张紧轮装置表面灰尘，润滑张紧轮轴承。 4. 检查张紧轮表面是否生锈、轮槽磨损是否严重。 5. 调整挡板位置或钢丝绳长度，使挡板与电气开关之间的距离符合制造厂家的技术要求。 6. 检查张紧轮开关工作是否正常： （1）断开开关，在轿顶检修运行电梯，轿厢应不能启动； （2）复位开关，在轿顶检修运行电梯，轿厢能正常检修运行

知识巩固

一、填空题

1. 井道空间包括的电梯设备有＿＿＿＿＿＿＿＿＿＿＿＿＿＿＿＿＿＿＿＿＿。

2. 底坑空间包括的电梯设备有＿＿＿＿＿＿＿＿＿＿＿＿＿＿＿＿＿＿＿＿＿。

3. 井道空间设备季度维护保养项目有＿＿＿＿＿＿＿＿＿＿＿＿＿＿＿＿＿＿＿。

4. 底坑空间设备季度维护保养项目有＿＿＿＿＿＿＿＿＿＿＿＿＿＿＿＿＿＿＿。

5. 靴衬、滚轮季度维护保养要求：＿＿＿＿＿＿＿＿＿＿＿＿＿＿＿＿＿＿＿＿。

二、选择题

1. 以下哪项是限速器张紧轮装置维护保养基本要求？（　　　　）

A. 油量适宜，除蜗杆伸出端外均无渗漏

B. 电气安全装置功能有效，油量适宜，柱塞无锈蚀

C. 电梯检修运行时，目测限速器张紧轮装置，工作应灵活可靠，运行时无异响，运行不顺畅时应添加张紧轮转动部件及轴承润滑油

D. 清洁，无严重油腻

2. 以下哪项是耗能型缓冲器维护保养基本要求？（　　　　）

A. 油量适宜，除蜗杆伸出端外均无渗漏

B. 电气安全装置功能有效，油量适宜，柱塞无锈蚀

C. 磨损量满足制造单位要求

D. 清洁，无严重油污

3. 以下哪项是张紧轮电气安全装置维护保养基本要求？（　　）

A. 油量适宜，除蜗杆伸出端外均无渗漏

B. 电气安全装置功能有效，油量适宜，柱塞无锈蚀

C. 断开底坑张紧轮断绳开关时应能断开电梯电气安全回路，电梯应不能运行

D. 清洁，无严重油污

三、问答题

1. 简述靴衬、滚轮季度维护保养步骤。

2. 简述耗能型缓冲器季度维护保养步骤。

【知识巩固】参考答案

该部分表格详见附录中表 B2。

任务三　保养层站空间设备

按照表 10-3 内容保养层站空间设备。

表 10-3　层站空间设备保养清单

学习活动 （维保项目）	维保要求	维保周期	维保方法（步骤）
层门（轿门）系统中传动钢丝绳、传动带（链条、胶带）	1. 传动钢丝绳应清洁无油污，无断丝、变形等现象； 2. 传动链条应无严重油污，无锈蚀、破损等现象，张力符合制造单位的要求，润滑适当； 3. 传动胶带应清洁无油污，无变形、破损等现象，张力符合制造单位的要求	季度	1. 按规定方法进入轿顶，检修运行电梯至便于维修人员操作的位置，切断驱动主机电源。 2. 清洁层门传动钢丝绳，检查层门钢丝绳表面有无锈蚀，钢丝绳两端的固定螺母是否有松动。若层门钢丝绳表面锈蚀严重，应更换；若钢丝绳两端的固定螺母有松动，应用扳手进行固定。 3. 在厅外用抹布清洁门机传动皮带、胶带或者链条表面的灰尘或油污，检查其有无破损或锈蚀，如有破损或锈蚀应更换。 4. 根据制造厂家技术要求和方法调整门机传动带、胶带或链条的张紧度

（续表）

学习活动 （维保项目）	维保要求	维保周期	维保方法（步骤）
层门门导靴	1. 固定可靠，无松动； 2. 运行顺畅，无卡阻； 3. 磨损量符合制造单位要求	季度	1. 按规定方法进入轿顶，检修运行电梯至便于维修人员操作的位置，切断驱动主机电源； 2. 清洁层门地坎槽中的垃圾和杂物； 3. 检查门导靴固定是否可靠，若有松动应用扳手紧固门导靴固定螺栓或螺母； 4. 手动开闭层门，检查导靴有无异常磨损，若磨损量超过制造厂家技术要求，需更换
消防开关	1. 消防开关应当设在基站或者消防撤离层处，防护玻璃应当完好，并且标有"消防"字样； 2. 消防开关动作后，电梯应取消所有运行指令，在就近层站平层后不开门，直接返回指定撤离层后开门待命	季度	1. 将电梯正常运行至消防撤离层； 2. 检查消防开关的防护玻璃及开关是否齐全，外表有无破损，若有缺损应更换； 3. 使电梯处于正常运行状态，在轿内登记两个以上信号，等电梯正常运行后打开消防开关，观察电梯运行状况，若不满足要求应进行维修

知识巩固

一、填空题

1. 层站空间包括的电梯设备有_____。

2. 层站空间设备季度维护保养项目有_____。

3. 层门系统中传动钢丝绳、传动链条、传动带季度维护保养要求：_____。

4. 层门门滑块季度维护保养要求：_____。

5. 消防开关季度维护保养要求：_____。

二、选择题

1. 以下哪项是选层器动、静触点维护保养基本要求？（　　）

A. 油量适宜，除蜗杆伸出端外均无渗漏

B. 清洁，无烧蚀

C. 磨损量符合制造单位要求

D. 清洁，无严重油污

2. 以下哪项不是消防开关维护保养基本要求？（　　）

A. 电梯消防装置面板应标记清晰，功能正常，清洁无污迹

B. 完好，功能正常，清洁无积尘

C. 微机主控板消防显示正常

D. 油量适宜，除蜗杆伸出端外均无渗漏

3. 以下哪项是检查电梯门的传动系统时要检查的项目？（　　）

A. 检查层门联动钢丝绳张力

B. 检查门滑块固定情况

C. 检查电气安全装置与动作机构的安装情况

D. 检查缓冲器柱塞表面有无锈蚀

三、问答题

1. 简述层门系统中传动钢丝绳、传动链条、传动带季度维护保养步骤。

2. 简述层门门滑块季度维护保养步骤。

【知识巩固】参考答案

该部分表格详见附录中表 B2。

任务四　保养轿厢空间设备

按照表 10-4 内容保养轿厢空间设备。

表 10-4　轿厢空间设备保养清单

学习活动 （维保项目）	维保要求	维保周期	维保方法（步骤）
验证轿门关闭的电气安全装置	1. 外观无破损，固定可靠，接线正确，电气线路无老化破损； 2. 电气触点接触良好； 3. 电气安全装置的活动部门与固定部分的相对位置应能使其电气触点可靠断开或接触； 4. 轿门未关闭前，电梯应不能继续运行或不能启动	季度	1. 按规定方法进入轿顶，检修运行电梯至便于维修人员操作的位置，切断驱动主机电源。 2. 断开机房主电源开关，清洁并检查电气安全装置及电气线路。 3. 打开安全装置外壳，手动运行轿门，观察安全装置电气触点能否可靠断开或接触，必要时进行调整。 4. 用细砂纸清洁电气触点。 5. 合上电梯主电源开关，断开门机电源，进入轿顶，操作检修控制装置使电梯运行。运行时人为打开轿门，检查电气安全装置能否使电梯停止或使电梯启动

（续表）

学习活动 （维保项目）	维保要求	维保周期	维保方法（步骤）
轿门（层门）系统中传动钢丝绳、传动带（链条、胶带）	1. 传动钢丝绳应清洁无油污，无断丝、变形等现象； 2. 传动链条应无严重油污，无锈蚀、破损等现象，张力符合制造单位的要求，润滑适当； 3. 传动胶带应清洁无油污，无变形、破损等现象，张力符合制造单位的要求	季度	1. 按规定方法进入轿顶，检修运行电梯至便于维修人员操作的位置，切断驱动主机电源。 2. 清洁轿门传动钢丝绳，检查轿门钢丝绳表面有无锈蚀，钢丝绳两端的固定螺母是否有松动。若轿门钢丝绳表面锈蚀严重，应更换；若钢丝绳两端的固定螺母有松动，应用扳手进行固定。 3. 在厅外用抹布清洁门机传动带、胶带或者链条表面的灰尘或油污，检查其有无破损或锈蚀，若有破损或锈蚀应更换。 4. 根据制造厂家技术要求和方法调整门机传动带、胶带或链条的张紧度

知识巩固

一、填空题

1. 轿厢空间包括的电梯设备有 _____。

2. 轿厢空间设备季度维护保养项目有 _____。

3. 轿门关闭的电气安全装置季度维护保养要求：_____。

4. 扒门装置的位置是 _____。

5. 轿门门系统中传动钢丝绳、传动链条、传动带季度维护保养要求：_____。

二、选择题

1. 当门锁回路断开时，电梯（   ）。

A. 不能运行　　　　　　　　　　B. 继续运行

C. 回到基站停止运行　　　　　　D. 停顿几分钟后继续运行

2. 轿厢不在平层位置时，从轿厢里（   ）。

A. 无法打开轿门　　　　　　　　B. 可以打开轿门

C. 只能打开一半　　　　　　　　D. 无法打开轿门且电梯不允许

3. 轿门关闭时防扒门装置（   ）

A. 无须对齐　　　B. 不起作用　　　C. 工作到位　　　D. 处于任意状态

三、问答题

1. 简述验证轿门关闭的电气安全装置步骤。

2. 简述轿门系统中传动钢丝绳、传动链条、传动带季度维护保养步骤。

【知识巩固】参考答案

该部分表格详见附录中表 B2。

拓展阅读　电梯技术环境保护意识

电梯节能继电器（回路）在无人乘梯时，使电梯低功耗运行。例如，自动扶梯在无人乘梯限定时间内，停止运行电梯，当乘客靠近并准备登梯时，缓慢启动电梯，然后使电梯平稳运行。电梯此功能设计意图为节省电梯自身损耗、节省电梯使用的电能。我国虽是能源生产大国，但也是能源消耗大国。由于人口基数大，能源人均拥有量远低于发达国家，且低于世界平均水平。我国能源是相对短缺的，在日常学习和工作中我们要增强环保意识，减少耗材，节约能源，减少碳排放。

项目十一　电梯半年保养

根据 TSG T5002－2017《电梯维护保养规则》表 A－3 半年维护保养项目（内容）和要求，电梯半年保养共包括 15 项维修保养项目，涉及机房空间、井道及底坑空间、层站空间、轿厢空间。

任务一　保养机房空间设备

按照表 11－1 内容保养机房空间设备。

表 11－1　机房空间设备保养清单

学习活动（维保项目）	维保要求	维保周期	维保方法（步骤）
电动机与减速机联轴器螺栓	连接可靠，无松动	半年	1. 断开机房主电源开关； 2. 紧固曳引机与减速器联轴器上的各固定螺栓
曳引轮、导向轮轴承	无异常声音和振动，轴承润滑性能良好	半年	1. 一人在轿厢内正常运行电梯，另一人在机房内观察曳引轮和导向轮的工作状况； 2. 观察曳引轮和导向轮在电梯运行时是否有异常声音和振动； 3. 断开机房主电源开关，拆除曳引轮防护罩，按制造厂家要求对轿顶轮和对重轮的轴承加注润滑脂； 4. 清洁轮轴及周围的油污
曳引轮槽	磨损量符合制造单位要求	半年	1. 断开电梯主电源开关。 2. 拆除曳引轮防护罩。 3. 用绳槽检测尺检测曳引轮绳槽，检查其磨损量是否符合制造单位的技术要求。若超过规定，应进行维修或者更换同规格的曳引轮。 4. 恢复曳引轮防护罩

（续表）

学习活动（维保项目）	维保要求	维保周期	维保方法（步骤）
制动器动作状态监测装置（制动器上检测开关）	1. 开关及接线固定可靠，无破损； 2. 开关动作灵活，间隙适当	半年	1. 断开机房主电源开关； 2. 清洁制动器检测开关，按制造厂家技术要求及方法调整开关动作间隙； 3. 紧固制动器检测开关的接线
控制柜内各接线端子	1. 各接线端子线号齐全、清晰； 2. 各接线绑扎整齐，接线紧固； 3. 控制柜上的继电器、变频器、控制主板等与接线点接线无松动，接触良好，电源电压值正确，开、关门继电器机电连锁机构完好有效	半年	1. 断开机房主电源开关。 2. 检查控制柜内各接线端子，其线号是否齐全、清晰。若有缺失或模糊不清，应参照制造单位提供的电气布线图或者电气原理图重新标注。 3. 用螺丝刀逐个拧紧控制柜内各接线端子，检查控制柜上的继电器、变频器、控制主板等与接线点接线，用万用表测量输入电压
控制柜内各仪表	各仪表固定可靠，显示正常	半年	一人在轿厢内正常运行电梯；另一人在机房内观察控制柜内各仪表工作是否正常，显示是否正确

知识巩固

一、填空题

1. 电梯的半年维护保养是_____。

2. 机房空间设备半年维护保养项目有_____

_____。

3. 电动机与减速机联轴器半年维护保养要求：_____。

4. 检查电动机与减速机联轴器连接螺栓时，须_____，用扳手检查_____

_____是否锁紧，观察联轴器运转情况，应无松动、无撞击声。

5. 曳引轮、导向轮轴承半年维护保养要求：_____。

二、选择题

1. 以下哪项不是曳引轮、导向轮轴承维护保养步骤？（　　　）

A. 电梯正常运行时，在机房内观察曳引轮和导向轮的工作状况，应无异响、无振动

B. 断开机房主电源开关，拆除曳引轮防护罩，按制造厂家要求对轴承加注润滑脂

C. 清洁轴承及周围的油污

D. 观察联轴器运转情况，其应无松动、无撞击声

2. 以下哪项不是制动器动作状态监测装置维护保养步骤？（　　　）

A. 制动器动作时查看制动器开关是否动作

B. 查看微机板对应输入信号指示灯是否点亮

C. 清洁制动器检测开关

D. 检查控制柜内各接线端子的连接是否完好

3. 以下哪项不是控制柜内各接线端子维护保养步骤？（　　　）

A. 断开机房主电源开关

B. 检查控制柜内各接线端子，观察线号是否齐全、清晰

C. 检查控制柜内各接线端子的连接是否完好

D. 查看制动器开关是否动作

三、问答题

1. 简述控制柜内各仪表的半年维保步骤。

2. 简述曳引钢丝绳绳头组合的半年维保步骤。

【知识巩固】参考答案

该部分表格详见附录中表 B2。

任务二　保养井道及底坑空间设备

按照表 11-2 内容保养井道及底坑空间设备。

表 11-2　井道及底坑空间设备清单

学习活动 （维保项目）	维保要求	维保 周期	维保方法（步骤）
井道、对重、轿顶各反绳轮轴承	无异常声音和振动、轴承润滑性能良好	半年	1. 断开驱动主机电源，拆除轿顶反绳轮的防护装置，紧固螺栓。 2. 按制造厂家要求对轿顶轮和对重轮的轴承加注润滑脂。 3. 恢复驱动主机电源，检修运行电梯，观察轿顶轮、对重轮工作是否正常，有无异常噪声和振动。若有异常声响或振动，应根据制造单位的技术要求进行调整或维修。 4. 清洁轮轴上及周围的油污

学习活动（维保项目）	维保要求	维保周期	维保方法（步骤）
悬挂装置（曳引钢丝绳）、补偿轮装置或补偿链	1. 无严重油污，无变形、扭曲。 2. 出现下列情况之一时，悬挂曳引钢丝绳应当报废： (1) 曳引钢丝绳出现笼状畸变，绳芯挤出、扭结、部分压扁、弯折； (2) 断丝分散出现在整条曳引钢丝绳上，任何一个捻距内单股的断丝数大于4根；或者断丝集中在曳引钢丝绳某一部位或某一股，一个捻距内断丝总数大于12根（对于股数为6的曳引钢丝绳）或者大于16根（对于股数为8的曳引钢丝绳）； (3) 磨损后的曳引钢丝绳直径小于曳引钢丝绳公称直径的90%；若采用其他类型的悬挂装置，其磨损量、变形程度应当不超过制造单位设定的报废指标	半年	1. 按规定方法进入轿顶，检修运行电梯至适当位置，切断驱动主机电源； 2. 用游标卡尺测量曳引钢丝绳及补偿绳的公称直径，在相距至少1 m的两点处进行测量，在每点相互垂直的方向上测量2次，4次测量值的平均值即曳引钢丝绳的直径，计算其磨损量是否超过10%； 3. 恢复驱动主机电源，检修运行整个行程，检查曳引钢丝绳状况； 4. 符合报废条件的悬挂装置应根据制造厂家的技术要求和方法进行更换； 5. 目视手检，用拉尺测量补偿轮装置或补偿链与底坑之间的距离，无松弛、断裂现象，补偿轮装置或补偿链与坑底保持规定间隙100 mm，无擦撞响声，补偿轮开关完好有效，绳头弹簧、销子、"U"字螺丝、保护网套和挂钩等完好
绳头组合（曳引钢丝绳）	1. 清洁，无严重油污； 2. 绳头组合各部件齐全、无破损和变形； 3. 曳引钢丝绳无断股、松股现象，悬挂装置绳头、弹簧、减振胶垫、销子完好有效	半年	1. 切断驱动主机电源； 2. 清洁各绳头装置； 3. 检查绳头装置各部件是否齐全，若有缺失或破损，应更换或维修； 4. 紧固所有绳头的固定螺母，保证螺母无松动
限速器钢丝绳	1. 无严重油污，无变形、扭曲； 2. 磨损量、断丝数符合制造单位要求	半年	1. 按规定方法进入轿顶，检修运行整个行程； 2. 检查限速器钢丝绳使用状况，若磨损量和断丝数量达到制造厂家报废要求，应予以更换
对重缓冲距离	1. 对重缓冲距离应大于上极限动作距离，同时应小于允许最大越程距离； 2. 在对重缓冲器附近，应清晰标注缓冲距离的允许范围	半年	1. 将电梯正常运行至顶部端站平层位置，切断驱动主机电源。 2. 按规定方法进入底坑，测量对重撞板与缓冲器顶面间的垂直距离，并与标注的允许距离进行比较。 3. 让轿厢停在顶层，用卷尺测量缓冲距离。应符合规定尺寸： 油压式缓冲距离为300～400 mm； 弹簧式缓冲距离为250～350 mm。 4. 不满足条件的应根据制造厂家技术要求及方法进行调整

（续表）

学习活动 （维保项目）	维保要求	维保周期	维保方法（步骤）
补偿链（绳）与轿厢、对重接合处	1. 固定可靠，无变形扭曲； 2. 接合处的连接方法应符合制造厂家的技术要求	半年	1. 按规定方法进入轿顶和底坑。 2. 补偿链（绳）与轿厢接合处的检查： 一人检修运行电梯至行程底部合适位置，切断驱动主机电源，另一人在底坑检查补偿链（绳）与轿底接合处的固定情况。 3. 补偿链（绳）与对重接合处的检查： 在轿顶检修运行电梯至行程中部合适位置，切断驱动主机电源，检查补偿链（绳）与对重接合处的固定情况
上极限、下极限开关	1. 固定可靠，外观无破损； 2. 表面应清洁，无灰尘，接线无破损和严重老化现象； 3. 位置安装正确，应在对重或轿厢撞板碰到缓冲器之前动作，并在缓冲器被压缩期间保持动作状态； 4. 当极限开关动作时，应当使电梯驱动主机停止运转并保持停止状态	半年	1. 按规定方法进入轿顶，检修运行电梯至顶部端站。 2. 清洁上极限开关表面灰尘，紧固上极限开关及接线。 3. 一人在机房内短接上限位开关，另一人操作轿顶检修运行控制装置，使电梯往上点动运行至上极限开关动作断开，观察电梯是否可靠制停。 4. 打开顶部端站层门，测量轿厢地坎与层门地坎之间的垂直距离，此距离应小于对重缓冲距离。也可以按规定方法进入底坑后，观察对重撞板与缓冲器顶面是否接触，必要时调整上极限开关位置。 5. 在机房内短接上极限开关和缓冲器电气开关（如有），操作轿顶检修运行控制装置使电梯继续往上运行，在对重缓冲器被压缩期间观察上极限开关能否保持动作状态。 6. 按规定进入底坑，清洁下极限开关，紧固下极限开关接线。 7. 在机房短接下限位开关，使电梯往下点动运行至下极限开关时动作，观察电梯是否可靠制停，同时观察轿厢撞板与缓冲器顶面是否接触，必要时调整下极限开关位置。 8. 在机房内短接下极限开关和缓冲器电气开关（如有），操作轿顶检修运行控制装置使电梯继续往下运行，在对重缓冲器被压缩期间观察下极限开关能否保持动作状态。 9. 手检各开关。开关应动作灵活，功能可靠，限位开关在 30 mm±15 mm 起作用，极限开关在 50～80 mm 起作用；强迫减速开关应符合产品规定要求

一、填空题

1. 井道空间设备半年维护保养项目有 _____。

2. 底坑空间设备半年维护保养项目有 _____。

3. 悬挂装置、补偿轮装置或补偿链半年维护保养要求：_____。

4. 限速器钢丝绳半年维护保养要求：_____。

5. 对重缓冲距离半年维护保养要求：_____。

二、选择题

1. 以下哪项是补偿链（绳）与轿厢、对重接合处维护保养基本要求？（   ）

A. 无异常声响，无振动，润滑良好

B. 磨损量符合制造单位要求

C. 固定，无松动

D. 符合标准值

2. 耗能型缓冲器缓冲距离为（   ）。

A. 110～370 mm   B. 140～390 mm

C. 120～380 mm   D. 150～400 mm

3. 蓄能型缓冲器缓冲距离为（   ）。

A. 160～300 mm   B. 170～310 mm

C. 180～330 mm   D. 200～350 mm

三、问答题

1. 简述上极限、下极限开关的半年维保步骤。

2. 简述检查限速器钢丝绳和绳套有无断丝、折曲、扭曲和压痕的方法。

【知识巩固】参考答案

该部分表格详见附录中表 B2。

任务三 保养层站空间设备

按照表 11-3 内容保养层站空间设备。

表 11－3　层站空间设备保养清单

学习活动 （维保项目）	维保要求	维保 周期	维保方法（步骤）
层门、轿门 门扇	1. 层门、轿门门扇各间隙应满足以下要求： （1）对于门扇之间及门扇与立柱、门楣和地坎之间的间隙，乘客电梯应不大于6 mm；载货电梯应不大于8 mm，使用过程中由于磨损，允许间隙达到10 mm。 （2）沿着水平移动门和折叠门主动门扇的开启方向，将150 N的推力施加在最不利的点上，两门扇间的间隙对于旁开门来说不大于30 mm，对于中分门来说其总和不大于45 mm。 2. 门扇外观清洁，无影响正常使用的变形。 3. 门刀与地坎之间的间隙为6～10 mm，轿门地坎与层门地坎之间的间隙为30 mm±3 mm	半年	1. 按规定方法进入轿顶。 2. 检修运行电梯，测量各层门门扇之间的间隙。若不符合要求，应进行调整。 3. 将轿厢停在某层站平层位置，在轿厢内检查轿门间隙。若不符合要求，应进行调整。 4. 检查门扇外观，必要时进行调整

知 识 巩 固

一、填空题

1. 层门由＿＿＿＿＿＿＿＿＿＿＿＿＿＿＿＿＿＿＿＿＿＿＿＿＿＿＿＿＿组成。

2. 层站空间设备半年维护保养项目有＿＿＿＿＿＿＿＿＿＿＿＿＿＿＿＿＿＿＿

＿＿＿＿＿＿＿＿＿＿＿＿＿＿＿＿＿＿＿＿＿＿＿＿＿＿＿＿＿＿＿＿＿＿＿＿。

3. 检查门扇＿＿＿＿＿＿，无＿＿＿＿＿＿。

4. 层门半年维护保养要求：＿＿＿＿＿＿＿＿＿＿＿＿＿＿＿＿＿＿＿＿＿＿。

5. 层门门锁啮合度为＿＿＿＿＿＿。

二、选择题

1. 对于层门门扇及门扇与立柱、门楣和地坎之间的间隙，乘客电梯应不大于(　　)。

　　A. 6 mm　　　　B. 7 mm　　　　　C. 8 mm　　　　　D. 9 mm

2. 对于层门门扇及门扇与立柱、门楣和地坎之间的间隙，货电梯应不大于(　　)。

　　A. 6 mm　　　　B. 7 mm　　　　　C. 8 mm　　　　　D. 9 mm

3. 使用过程中由于磨损，允许层门门扇及门扇与立柱、门楣和地坎之间的间隙达到(　　)。

　　A. 7 mm　　　　B. 8 mm　　　　　C. 9 mm　　　　　D. 10 mm

三、问答题

1. 层门测量项目有哪些?

2. 简述层门门扇半年维保步骤有哪些?

【知识巩固】参考答案

该部分表格详见附录中表 B2。

任务四　保养轿厢空间设备

按照表 11-4 内容保养轿厢空间设备。

表 11-4　轿厢空间设备保养清单

学习活动 (维保项目)	维保要求	维保周期	维保方法(步骤)
层门、轿门门扇	1. 层门、轿门门扇各间隙应满足以下要求: (1) 对于门扇及门扇与立柱、门楣和地坎之间的间隙,乘客电梯应不大于 6 mm;载货电梯应不大于 8 mm,使用过程中由于磨损,允许间隙达到 10 mm。 (2) 沿着水平移动门和折叠门主动门扇的开启方向,将 150 N 的推力施加在最不利的点上,两门扇间的间隙对于旁开门来说不大于 30 mm,对于中分门来说其总和不大于 45 mm。 2. 门扇外观清洁,无影响正常使用的变形。 3. 门刀与地坎之间的间隙为 5~10 mm,轿门地坎与层门地坎之间的间隙为 30 mm±3 mm	半年	1. 按规定方法进入轿顶。 2. 检修运行电梯,测量各层门门扇之间的间隙。若不符合要求,应进行调整。 3. 将轿厢停在某层站平层位置,在轿厢内检查轿门间隙。若不符合要求,应进行调整。 4. 检查门扇外观,必要时进行调整
轿门开门限制装置	工作正常	半年	

 知 识 巩 固

一、填空题

1. 轿厢由_____组成。

2. 轿厢空间设备半年维护保养项目有_____

_____。

3. 轿门开门限制装置是_____。

4. 轿门开门限制装置半年维护保养要求：_____。

5. 轿门门扇半年维护保养要求：_____。

二、选择题

1. 对轿门开门限制装置施加 1000N 的力时，轿门开启不能超过(　　)。

A. 40 mm　　　　B. 50 mm　　　　C. 60 mm　　　　D. 70 mm

2. 当轿门关闭时，轿门开门限制装置的电气触点需超过接触行程(　　)

A. 1～7 mm　　B. 2～6 mm　　　C. 3～4 mm　　　　D. 2～4 mm

3. 轿门门扇之间的间隙，乘客电梯应不大于(　　)。

A. 6 mm　　　　B. 7 mm　　　　C. 8 mm　　　　　D. 9 mm

三、问答题

1. 简述轿门开门限制装置半年维保检查项目内容。

2. 简述补偿链（绳）与轿厢、对重接合处半年维保步骤。

【知识巩固】参考答案

 学 习 评 价 表

该部分表格详见附录中表 B2。

 拓 展 阅 读　**电梯门锁电路作业警示案例**

一、事故经过

2019 年 4 月 6 日晚，肇庆市端州区某小区 42 幢 2 号梯发生困人故障。某电梯维保单位主管赵某安排工作人员曾某、冯某实施应急救援，与端州区某物业管理人员一起成功解救被困乘客。随后工作人员继续检查，发现 2 号梯故障是层门故障，因当时已是深夜，故曾某就在机房拔除为检查需要而设置的层门短接线，按下急停开关，将轿顶的检修及急停恢复正常。曾某在微信中与覃某交接，讲明了故障情况及电梯状态，并进一步通过电话向某电梯修理人员覃某确认，当时覃某本人也同意第 2 天去处理故障。随后，曾某在物业公司的管理微信群里说明该电梯因故障停用的情况后，于 4 月 7 日 0：10 左右离开现场。

2019 年 4 月 7 日上午 10 时 32 分，覃某独自一人，穿便装、没有戴安全帽、穿着运动鞋，

乘坐小区42幢1号电梯直接到达顶层（31楼），然后上行进入电梯机房。10时43分，覃某在机房内通过操纵控制盒，将电梯轿厢检修运行上升至次顶层（30楼），随后离开机房，在顶层（第31楼）进入电梯的轿厢顶，将轿顶控制盒转换至"检修"状态。从10时51分开始，覃某在井道内的轿厢顶上，从顶层（第31层）逐层向下检修运行，检查和排查各层的层门故障，其间在第6层（耗时15分钟）和第2层（耗时11分钟）检查时耗时最长。至11时46分电梯轿厢下行至第1层与负1（B1）层之间，但不是在平层位置，覃某开始检查第1层的层门装置。检查完成后，将随身的工具包、万能表等工具从电梯轿厢顶移出至层门外的地面上，并准备从电梯轿厢顶往第1层层门方向撤离。在覃某从电梯轿厢顶往第1层层门方向撤离的过程中，在没有先解除机房控制柜处的电梯层门电气安全回路短接措施且确认保护装置有效的情况下，在轿厢顶通过控制盒把电梯转换为"正常"状态，电梯立即自动启动，向上运行自找位平层。……11时53分7秒，电梯开始向上运行，至11时53分17秒，电梯停止运行，覃某被夹在电梯轿厢与电梯第1层层门顶框之间，其头部、双臂、右腿处于轿厢顶内侧，而身体躯干和左腿则挂在轿厢外侧，造成严重的颅脑损伤并导致死亡。

二、事故原因

（一）事故的直接原因

覃某违反了电梯安全操作规程，从电梯轿厢顶往第1层层门方向撤离时，在电梯控制系统的安全回路已导通（短接），机房控制盒处于"正常"状态下，将轿厢顶控制盒开关由"检修"转换为"正常"状态，从而引发电梯的自找位平层动作（向上运行）。当覃某发现电梯自找位平层向上运行后，又通过轿厢顶控制盒把电梯从"正常"换为"检修"状态，但没有按下急停开关，电梯没有被有效制动。电梯外露的机械部件勾住了覃某的挎包致其无法撤离，电梯轿厢把覃某提升并夹在电梯轿厢与电梯第1层层门顶框之间，挤压造成覃某颅脑的严重损伤并导致死亡。

（二）事故的间接原因

电梯维保单位对生产（修理）作业现场管理不严，该修理人员违反《广东省电梯使用安全条例》第十五条第（二）款"实施维护保养时现场作业人员不得少于二人，并做好自身安全防护"的规定。现场一人作业、不佩戴安全帽、作业时随身携带挎包、没有做好个人安全防护措施等违反规定的行为没有及时被发现并有效阻止。

项目十二　电梯年度保养

根据 TSG T5002－2017《电梯维护保养规则》表 A－4 年度维护保养项目（内容）和要求，电梯年度保养共包括 17 个维修保养项目，涉及机房空间、井道及底坑空间、层站空间。

任务一　保养机房空间设备

按照表 12－1 内容保养机房空间设备。

表 12－1　机房空间设备保养清单

学习活动（维保项目）	维保要求	维保周期	维保方法（步骤）
减速机润滑油	润滑油无浑浊、发黑现象，里面没有颗粒状杂质	年度	1. 切断机房主电源开关； 2. 打开减速机注油孔端盖，检查润滑油性能，观察润滑油是否浑浊、发黑，里面是否有颗粒状杂质； 3. 必要时根据制造厂家技术要求及方法更换润滑油
控制柜接触器、继电器触点	1. 固定可靠，外观无破损、缺失，表面无积灰； 2. 运行时无异常声音； 3. 动作结构灵活，触点接触良好	年度	1. 断开机房主电源开关。 2. 清洁控制柜内各继电器、接触器表面灰尘，紧固继电器、接触器接线桩头的接线。 3. 拆开继电器、接触器触点的罩壳，用合适的砂纸对继电器接触器触点进行打磨。若触点表面烧蚀严重，应更换

（续表）

学习活动（维保项目）	维保要求	维保周期	维保方法（步骤）
制动器铁芯（柱塞）	1. 表面清洁，无污垢； 2. 润滑良好，动作灵活； 3. 磨损量符合制造单位要求	年度	1. 把控制柜检修开关拨至检修状态，短接上限位开关（如有）、上极限开关和对重缓冲器开关（如有），操作检修装置使轿厢继续往上运行，直至对重完全压在缓冲器上使轿厢不能继续提升为止； 2. 断开机房主电源开关； 3. 拆下制动器两边的制动臂，取出制动器铁芯，对铁芯及导向套进行清洁； 4. 观察制动器铁芯及导向套磨损情况是否符合制造厂家技术要求； 5. 对满足使用条件的制动器铁芯，按制造厂家要求及方法对制动器铁芯表面和导向套进行适当润滑； 6. 重新装配制动器，合上主电源开关，操作控制柜检修装置使电梯往下点动运行，调整制动器间隙，待轿厢脱离极限开关后拆除所有短接线，恢复电梯正常运行
制动器制动能力（制动器制动弹簧压缩量）	1. 表面无锈蚀和裂缝； 2. 压缩量符合制造厂家要求	年度	1. 断开机房主电源开关； 2. 检查制动器制动弹簧表面有无裂缝和生锈，若有裂缝或生锈严重应更换； 3. 按制造厂家技术要求，调整制动器制动弹簧的压缩量； 4. 使制动器保持足够的制动力，必要时进行轿厢装载125％额定载重量的制动试验
导电回路绝缘性能测试	动力电路、照明电路和电气安全装置电路的绝缘电阻应符合下述要求： 标称电压/V｜测试电压（直流）/V｜绝缘电阻/MΩ 安全电压｜250｜≥0.25 ≤500｜500｜≥0.50 >500｜1000｜≥1.00	年度	1. 断开机房主电源开关和照明开关，并断开所有连接到控制电路板的连接线； 2. 使用绝缘电阻表分别测量动力电路、照明电路和电气安全装置电路的绝缘电阻值

（续表）

学习活动 （维保项目）	维保要求	维保周期	维保方法（步骤）
限速器-安全钳联动试验	1. 限速器应在校验合格有效期内。 2. 轿厢空载，以检修速度下行，进行限速器-安全钳联动试验。限速器、安全钳动作应当可靠（对于使用年限不超过15年的限速器，每2年进行1次限速器动作速度校验；对于使用年限超过15年的限速器，每年进行1次限速器动作速度校验）	年度	1. 轿厢空载，检修运行电梯至井道行程下部。 2. 手动模拟限速器机械动作，向下检修运行电梯，限速器电气开关应随限速器转动而动作，电梯应立即停止且不能再启动。 3. 短接限速器电气开关，继续向下检修运行电梯，安全钳应能动作，安全钳电气开关应动作，电梯应立即停止且不能再启动。 4. 短接安全钳电气开关，继续向下检修运行电梯，轿厢应无法移动。 5. 恢复电梯主电源，向上检修运行电梯，限速器锁止部件松开时，先恢复限速器机械到正常状态，再复位限速器和安全钳电气开关。 6. 检查安全钳动作处的导轨表面是否有擦痕或毛刺，若有擦痕或毛刺应用锉刀修光。 7. 用塞尺测量安全钳楔块与导轨之间的间隙，保证楔块与导轨之间的间隙为2～2.5 mm。拉动时4个楔块动作一致，安全钳开关率先动作，限位螺丝要拧紧，止动尺寸为60～65 mm
轿厢意外移动保护装置动作试验	工作正常	年度	

知识巩固

一、填空题

1. 电梯的年度维护保养是_____。

2. 机房空间设备年度维护保养项目有_____。

3. 减速箱更换润滑油时应更换_____的润滑油，绝不允许_____混合使用；按照厂家要求根据_____而确定更换润滑油；对_____的电梯，在_____应检查减速箱内的润滑油，若发现油内有杂质，应更换新油。

4. 润滑油的加入要适量，过多会_____，并使_____，不能使用。

5. 换油时_____，在加油口放置过滤网，经_____，以保持油的清洁度。

二、选择题

1. 以下哪项不是控制柜接触器、继电器触点维护保养步骤？（　　　）

A. 断开机房主电源开关

B. 检查和清洁控制柜内各继电器、接触器，检查继电器、接触器接线连接情况；

C. 重新装配制动器，合上主电源开关，操作控制柜检修装置使电梯往下点动运行，调整制动器间隙，确认制动效果

D. 噪声比较大或者有明显异常时，应拆开继电器、接触器触点的罩壳，用合适的砂纸对继电器接触器触点进行打磨，若触点表面烧蚀严重应更换

2. 以下哪项不是制动器铁芯（柱塞）维护保养步骤？（　　　）

A. 对满足使用条件的制动器铁芯，按制造厂家要求及方法对制动器铁芯表面等进行保养

B. 检查和清洁控制柜内各继电器、接触器，检查继电器、接触器接线连接情况

C. 将电梯置于检修运行状态，向上检修运行至无法启动，短接上限位开关（如有）、上极限开关和对重缓冲器开关（如有），操作检修装置使轿厢继续往上运行，直至对重完全压在缓冲器上使轿厢不能继续提升为止

D. 重新装配制动器，合上主电源开关，操作控制柜检修装置使电梯往下点动运行，调整制动器间隙，确认制动效果

3. 检查制动器铁芯的磨损量，如果制动器上的可动销轴磨损量超过原直径的(　　　)或椭圆度超过(　　　)时，那么应更换新轴。

A. 2%　0.8 mm

B. 3%　0.7 mm

C. 4%　0.6 mm

D. 5%　0.5 mm

三、问答题

1. 简述制动器制动能力测试步骤。

2. 简述绝缘性能测试步骤。

【知识巩固】参考答案

该部分表格详见附录中表 B2。

任务二　保养井道及底坑空间设备

按照表12-2内容保养井道及底坑空间设备。

表 12-2　井道及底坑空间设备保养清单

学习活动（维保项目）	维保要求	维保周期	维保方法（步骤）
轿顶、轿厢架、轿门及其附件安装螺栓	各螺栓应齐全，固定可靠	年度	1. 按规定方法进入轿顶，检修运行电梯至适当位置，切断驱动主机电源。 2. 检查轿顶、上梁、立柱、门机、安全钳联动机构、轿顶接线盒、感应器等部件的固定螺栓是否紧固。若有松动，应进行紧固。 3. 操作轿顶检修装置，将轿厢停在方便维修轿门的位置，打开层门，检查轿门、门刀、安全触板、光幕等部件的固定螺栓是否紧固。若有松动，应进行紧固
轿厢和对重/平衡重的导轨支架	各螺栓应紧固，无松动	年度	1. 按规定方法进入轿顶，对井道全行程检修运行电梯； 2. 逐个紧固轿厢和对重导轨支架的固定螺栓
轿厢和对重/平衡重的导轨	1. 导轨无扭曲变形，无严重油污； 2. 导轨连接板和压板应固定可靠，无松动	年度	1. 按规定方法进入轿顶，对井道全行程检修运行电梯； 2. 观察导轨表面，若油污较多，可以用煤油进行清洗； 3. 紧固导轨连接板和导轨压板的固定螺栓
随行电缆	1. 表面清洁无严重油污，无变形、扭曲、破损； 2. 随行电缆应当避免与限速器绳、选层器钢带、限位与极限开关等装置接触，当轿厢压实在缓冲器上时，电缆不得与地面和轿厢底边框接触	年度	1. 按规定方法进入轿顶，对井道全行程检修运行电梯。清洁轿顶或底坑并观察随行电缆与其他装置之间的距离 2. 轿厢在底层平层时，电缆最低点与底坑地面之间距离应大于缓冲器压缩行程与缓冲距的总和

电梯维修与保养

（续表）

学习活动 （维保项目）	维保要求	维保周期	维保方法（步骤）
轿厢称重装置	电梯应当设置轿厢超载保护装置。当轿厢内的载荷超过110%额定载重量（超载量不小于75 kg）时，轿厢超载保护装置能够防止电梯正常启动及再平层，并且轿厢内有音响或者发光信号提示，动力驱动的自动门完全打开，手动门保持在未锁状态	年度	1. 将轿厢停于底层端站平层位置处，轿厢内装载额定载荷，超载保护装置应不动作； 2. 继续加载至超过110%额定载重量（超载量不小于75 kg）时，电梯超载保护装置应动作，检查此时轿内声光报警情况，检验电梯能否启动
安全钳钳座	1. 安全钳固定可靠，无松动； 2. 安全钳钳座内应无严重油污，钳块动作机构应灵活无阻碍	年度	1. 若安全钳安装在轿厢下部，则应在底坑处检查安全钳钳座。一人在轿顶操作检修装置使轿厢往下运行，将轿厢停在合适位置并切断驱动主机电源；另一人先操作底坑急停开关，然后检查并紧固安全钳钳座固定螺栓。 2. 若安全钳安装在轿厢上部，则应在轿顶检查安全钳钳座，将轿厢停在适当位置并切断驱动主机电源，检查并紧固安全钳钳座固定螺栓。 3. 若安全钳钳座内油污严重，应拆下清洗
轿底各安装螺栓	各螺栓应紧固，无松动	年度	1. 一人在轿顶操作检修装置使轿厢往下运行，将轿厢停在下端站适合底坑维保人员操作的位置； 2. 另一人在底坑处检查轿厢下梁、直梁、补偿链（绳）、随行电缆等部件的固定螺栓是否有松动，若有松动应用扳手进行紧固
缓冲器	固定可靠，无松动	年度	1. 按规定方法进入底坑。 2. 断开底坑急停开关，用手晃动缓冲器，观察缓冲器有无晃动。若有晃动，应用扳手紧固缓冲器的固定螺栓

知识巩固

一、填空题

1. 井道空间设备年度维护保养项目有＿＿＿＿＿＿＿＿＿＿＿＿＿＿＿＿＿＿＿＿＿＿＿＿＿＿＿＿。

2. 底坑空间设备年度维护保养项目有＿＿＿＿＿＿＿＿＿＿＿＿＿＿＿＿＿＿＿＿＿＿＿＿＿＿＿＿。

3. 轿厢和对重/平衡重的导轨支架维护保养基本要求是＿＿＿＿＿＿＿＿＿＿＿＿＿＿＿＿＿＿＿＿。

4. 轿厢和对重/平衡重的导轨维护保养基本要求是＿＿＿＿＿＿＿＿。

5. 随行电缆的导轨维护保养基本要求是＿＿＿＿＿＿＿＿。

二、选择题

1. 上行超速保护装置动作试验的方法不包括（　　　）。

A. 轿厢使用双向安全钳作上行超速保护

B. 使用夹绳器作上行超速保护

C. 作用在曳引轮上的作为制动器制动轮的上行超速保护装置，应根据制造厂家提供的技术文件和试验方法进行试验

D. 使用限速器作上行超速保护

2. 以下哪项是轿底各安装螺栓维护保养步骤？（　　　）

A. 进入轿顶，全程检修运行，清洁轿顶或底坑并观察随行电缆与其他装置之间的距离

B. 一人在轿顶操作检修装置使轿厢往下运行，将轿厢停在下端站适合底坑维保人员操作的位置

C. 轿厢在底层平层时，检查电缆最低点与底坑地面之间距离是否大于缓冲器压缩行程与缓冲距的总和

D. 当载重量不满足要求时，应重新调整轿厢称重装置

3. 以下哪项不是缓冲器维护保养步骤？（　　　）

A. 进入底坑，切断电梯驱动主电源

B. 检查缓冲器的固定情况，以及锈蚀、变形情况和防尘防锈措施

C. 测量耗能型缓冲器的复位时间

D. 另一人在底坑处检查轿厢下梁、直梁、补偿链（绳）、随行电缆等部件的固定螺栓是否有松动，若有松动应用扳手进行紧固

三、问答题

1. 简述轿厢和对重/平衡重的导轨和导轨支架的检查内容。

2. 简述测量耗能型缓冲器复位时间的步骤。

【知识巩固】参考答案

该部分表格详见附录中表B2。

任务三　保养层站空间设备

按照表 12-3 内容保养层站空间设备。

表 12-3　层站空间设备保养清单

学习活动 （维保项目）	维保要求	维保周期	维保方法（步骤）
层门装置和地坎	1. 各安装螺栓应固定可靠； 2. 层门和地坎无影响正常使用的变形； 3. 地坎槽无过度磨损	年度	1. 按规定方法进入轿顶，检修运行电梯至适当位置，切断驱动主机电源。 2. 检查层门各部位有无影响正常使用的变形。若变形严重影响正常使用，应拆下层门进行整形，不能整形的应予以更换。 3. 检查各层门挂板上的固定螺栓是否紧固。若有松动，应用扳手进行紧固。 4. 检查各层门地坎的固定螺栓是否紧固。若有松动，应用扳手进行紧固。 5. 检查各层门地坎有无明显变形，地坎槽有无过度磨损。若变形或磨损严重影响电梯正常使用，应予以更换

知识巩固

一、填空题

1. 层站空间设备年度维护保养项目有＿＿。

2. 层门装置和地坎维护保养基本要求：＿＿＿＿＿＿＿＿＿＿＿＿＿＿＿＿＿＿＿＿＿＿＿。

3. 层门装置和地坎的检查项目包括＿＿＿＿＿＿和＿＿＿＿＿＿。

4. 对层门装置和地坎维护保养之前要＿＿。

5. 消防开关年度维护保养要求：＿＿＿＿＿＿＿＿＿＿＿＿＿＿＿＿＿＿＿＿＿＿。

二、选择题

1. 层门门扇及门扇与立柱、门楣和地坎之间的间隙，乘客电梯应不大于（　　　）。

A. 6 mm
B. 7 mm
C. 8 mm
D. 9 mm

2. 以下哪项是层门装置和地坎的检查内容？（　　　）

A. 检查导轨支架焊接或紧固情况

B. 检查缓冲器的固定情况，以及锈蚀、变形情况和防尘防锈措施

C. 检查轿厢导轨支架是否出现裂纹、变形、移位等

D. 检查和清洁层门各部位

3. 使用过程中由于存在磨损，允许层门门扇及门扇与立柱、门楣和地坎之间的间隙达到（　　　）。

A. 7 mm

B. 8 mm

C. 9 mm

D. 10 mm

三、问答题

1. 简述层门装置和地坎检查内容。

2. 简述层门间隙调整的步骤。

【知识巩固】参考答案

该部分表格详见附录中表 B2。

 **电梯安全保护电气回路作业警示案例**

2012 年 8 月 29 日上午 11 时 30 分左右，东莞市某公司电梯司机李某（死者）操作的 5 号电梯发生故障。故障为轿门联动钢丝绳断裂，导致电梯在一楼平台开门后不能自动关闭，电梯不能正常运行。李某随即通过公司向电梯维保公司报送故障。电梯维保公司通知负责该厂维保的人员刘某到现场处理，由于刘某在其他项目做电梯例行保养，就通知其另一位同事吕某去现场处理。

当天下午 1 时 30 分左右，吕某到场，与李某一起来到事故电梯一楼卸货平台处。此时电梯处于一楼卸货平台的平层位置，电梯的轿门和层门均处于打开状态。为了方便吕某对电梯轿门联动钢丝绳进行维修，李某通过轿厢内的安全窗爬到轿顶，操作轿顶的检修装置将轿厢向下运行至吕某方便维修位置，并协助吕某维修电梯。为了既能运行电梯，又能方便维保人员观察轿厢所处位置（即打开门能检修运行），李某在轿顶上用短接线将接线箱内的安全回路接线端口短接起来。吕某把轿门已损坏的钢丝绳拆卸出来后关闭轿门，准备回去拿新的钢丝绳过来更换。此时李某把轿顶检修装置复位到正常状态（此时轿顶短接安全回路的短接线未拆除），走到门边，坐在轿门门头上，将头伸出厅门，准备从轿顶跳到一楼平台。由于检修装置复位到正常，安全回路短接线未拆除，电梯自检后自动向上运行，而李某的头和脚没能来得及往回缩，被夹在轿厢门头和厅门之间，导致李某被电梯挤压后死亡。

参考文献

［1］全国电梯标准化技术委员会．电梯安装验收规范：GB/T 10060—2011［S］．北京：中国标准出版社，2011.

［2］全国电梯标准化技术委员会．电梯制造与安装安全规范 第 1 部分：乘客电梯和载货电梯：GB/T 7588.1—2020［S］．北京：中国标准出版社，2020.

［3］中华人民共和国国家质量监督检验检疫总局．电梯维护保养规则：TSG T5002—2017［S/OL］．［2024－1－1］．https://www.samr.gov.cn/cms_files/filemanager/samr/www/samrnew/tzsbj/zcfg/aqjsgf/aqjsgf/201906/P020190621529721038347.pdf.

［4］全国钢标准化技术委员会．电梯用钢丝绳：GB/T 8903－2018．北京：中国标准出版社，2019.

［5］全国电梯标准化技术委员会．电梯 T 型导轨：GB/T 22562－2008．北京：中国质检出版社，2009.

［6］李乃夫．电梯维修与保养［M］．北京：机械工业出版社，2019.

［7］周伟贤．电梯安装与调试［M］．北京：机械工业出版社，2019.

［8］曾国通．电梯安装［M］．北京：机械工业出版社，2013.

［9］石春峰．电梯安装与调试［M］．北京：机械工业出版社，2016.

［10］余宁．电梯安装与调试技术［M］．南京：东南大学出版社，2015.

［11］阮广东．电梯维修与保养［M］．北京：机械工业出版社，2021.

附录 A 电梯电气控制原理图

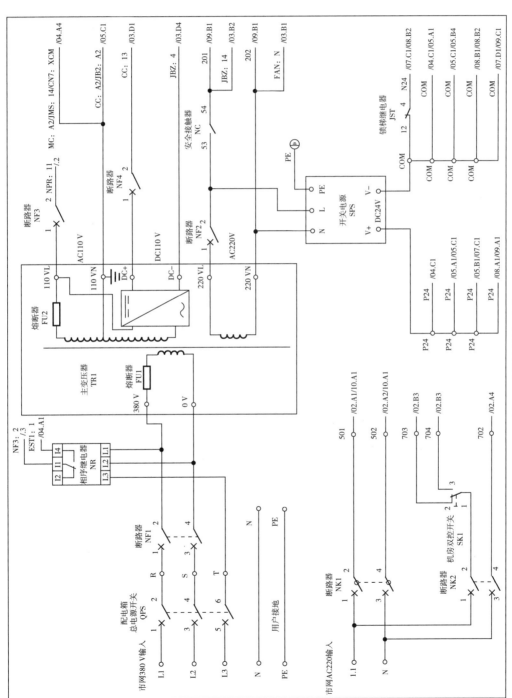

图A1 电梯控制电源电路

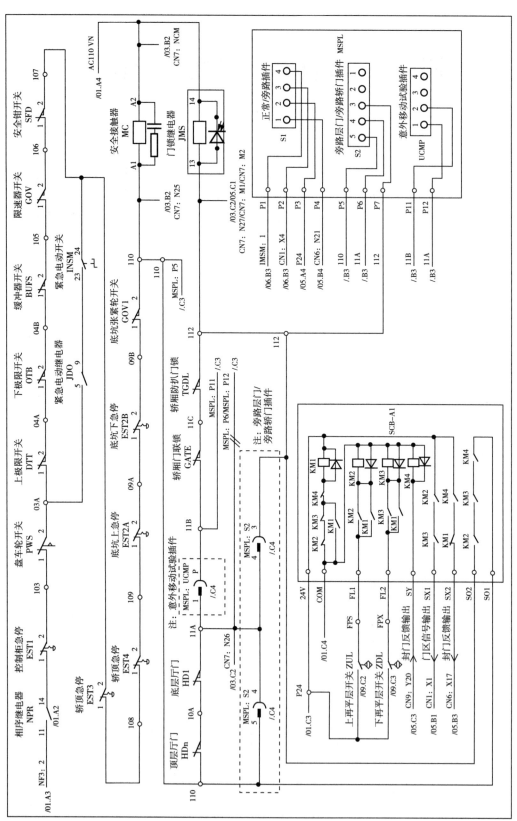

图A2 安全及门锁控制回路

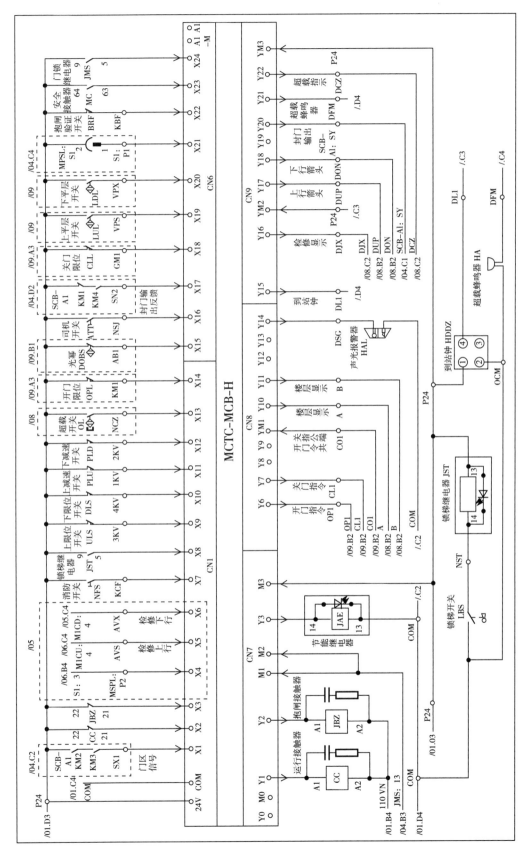

图A3　主控系统电路原理图

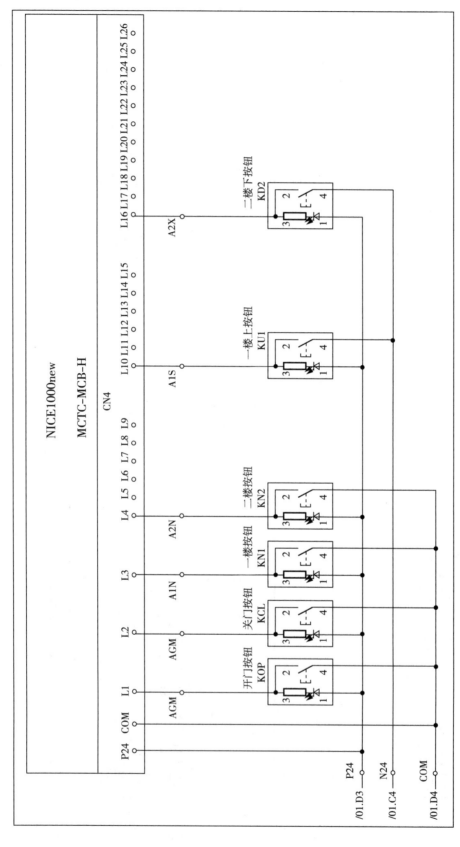

图A4 内呼、外呼系统电气原理图

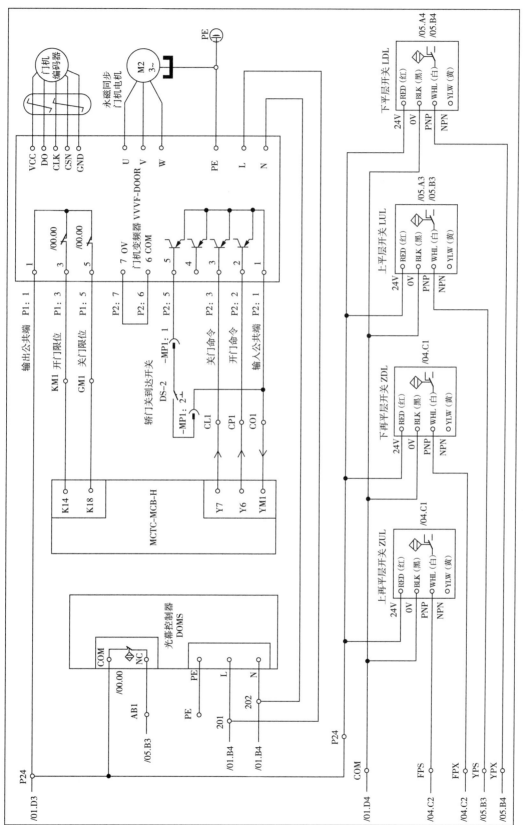

图A5　电梯开门、关门电路系统电气原理图

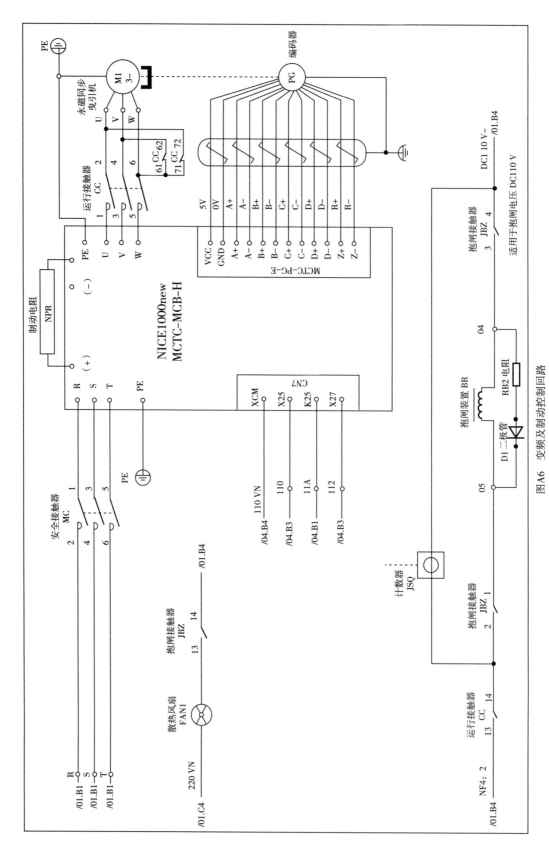

图A6 变频及制动控制回路

附录B 学习评价表

表B1 维修观察清单（评价表）

第___组　　　姓名：_____　　　第___号工位

内容	配分	评分标准	学生自评 是√	学生互评 是√	教师评价 是√	企业评价 是√
知识与技能	6分	未找到故障位置扣6分；因操作不当发生短路或损坏器件扣6分；产生新的故障不能自行修复扣6分，已经修复扣2分				
		找到故障位置但未能完全排除故障扣1～2分				
		没有使用工具或仪表来进行判断、查找扣0.5分				
		故障现象未按标准填写或填写错误扣0.5分；未能写出（最直接）准确的故障现象扣0.2分				
		故障可能的原因未按标准填写或填写错误扣0.5分；故障（最小范围）可能原因正确的不足3项，每少一项扣0.1分				
		故障检查方法（过程）未按标准填写或全错扣0.5分；写不完整或不准确或有错扣0.2分				
		故障点未按标准填写或填写错误扣0.3分；写不完整或不准确扣0.2分				
安全意识与基本操作规范	4分	工作服、帽鞋等不符合职业要求扣0.5分				
		工具等物品摆放、工位卫生不符合职业要求扣0.5分				
		操作过程中工具、器件掉落（在地上）每次扣0.5分（本项最多扣1分）				
		检查带电操作无请示报告每次（项）扣0.5分（本项最多扣1分）				
		在（电梯）首次通电前，必须向安全员申请，获得同意方可通电；否则扣0.5分				
		在（电梯）首次断电时，必须验电，确认是否可靠断电；否则扣0.5分				
		盘车、进出轿顶、进出底坑及其他操作过程违反职业操作规程与职业安全操作规范，每次（项）扣1分（本项最多扣2分）				
合计	10分					

注：参考全国职业院校技能大赛电梯保养与维修赛项评分标准制表。

表 B2　保养观察清单（评价表）

第____组　　姓名：_____　　第____号工位

内容	配分	评分标准	学生自评 是√	学生互评 是√	教师评价 是√	企业评价 是√
知识与技能	6分	保养项目未操作扣6分；因操作不当发生短路或损坏器件扣6分；产生新的故障不能自行修复扣6分，已经修复扣3分				
		保养操作结果不符合标准扣2分				
		操作步骤、操作方法错，材料、工具和仪表选择、使用错误每次（处）扣0.5分（本项最多扣1分）				
		未按要求填写"保养检查（检验）内容与要求"或写错扣0.5分；写不完整或不准确或有错，每项目扣0.2分				
		未按标准要求填写"保养（检验）方法及步骤"或写错扣0.5分；写不完整或不准确或有错，每项目扣0.2分				
		相关测量数据未按标准填写或写错，扣2分；写不完整或不能符合标准（规范）或有错，每项扣0.2分。				
		故障点未按标准填写或填写错误扣0.3分；写不完整或不准确扣0.2分。				
安全意识与基本操作规范	4分	工作服、帽鞋等不符合职业要求扣0.5分。				
		工具等物品摆放、工位卫生不符合职业要求扣0.5分。				
		操作过程中工具、器件掉落（在地上），每次扣0.5分（本项最多扣1分）				
		检查带电操作无请示报告，每次（项）扣0.5分（本项最多扣1分）				
		在（电梯）首次通电前，必须向裁判员申请，经得同意后方可通电；否则扣0.5分。				
		（电梯）首次断电时必须验电，确认是否可靠断电；否则扣0.5分。				
		盘车、进出轿顶、进出底坑及其他操作过程违反职业操作规程与职业安全操作规范，每次（项）扣1分（本项最多扣2分）				
合计	10分					

注：参考全国职业院校技能大赛电梯保养与维修赛项评分标准制表。

附录 C 电梯维修与保养常用机具

锤子	活扳手	水平尺	錾子
钢卷尺	钢直尺	直角尺	斜塞尺
电锤	电焊工具	台钻	线坠
钢丝刷	抹子	小铲	铁锹
倒链	钢丝绳扣	方木	扳手	撬棍
锤子	塞尺	吊索	钢锉

附录 D 安全进出电梯轿顶、地坑程序

进出轿顶程序——进入轿顶

前期准备工作如下。

备好劳动保护用具：安全帽、工作服、工作鞋、手套等。

机房：打开井道照明设备。

基站：放置护栏、警示标识。

一、按下一层及最低一层内呼按钮

第一步：寻找适当的进入层进入轿厢，确保轿厢无人并放置护栏。

第二步：进入轿厢，按下一层及最低一层内呼按钮，然后退出轿厢。电梯层站及内呼如图 D1 所示。

（a）层站　　　　　　　　　　　　　　（b）内呼

图 D1　电梯层站及内呼

注意：在轿厢内按指令时，整个身体部位都应在轿厢内。

详解：按下一层及最低一层内呼按钮的目的是防止门锁电气开关失效，抓梯失败，或者有人在高层呼梯使得电梯上升，造成人员伤亡。

二、测试门锁电气联动触点的有效性

第三步：当电梯下行时在合适位置打开电梯门［图D2（a）］。

第四步：放置顶门器［图D2（b）］。

　（a）打开电梯门　　　　　　（b）放置顶门器

图D2　测试门锁电气联动触点有效性

要求如下。

1. 合适位置指能方便操作轿顶，使轿顶急停和容易进入轿顶的位置，且距离所在楼层地坎±200 mm内，建议轿顶高于地坎位置。

2. 安全操作：左手开厅门，右手扒开门缝（不超过10 mm），切记观察电梯运行情况。

3. 电梯停止时，不能处在平层状态，否则算抓梯失败。

4. 用顶门器顶门时，门宽不超过10 mm。

第五步：在层门处于第四步状态时，按层门外呼按钮（图D3），等候10 s，观察电梯。若电梯不动证明门锁电气联动触点有效。（切勿平层）

三、验证轿顶急停开关的有效性

第六步：重新打开厅门，固定顶门器［图D4（a）］。

第七步：伸手进井道，打开轿顶灯［图D4（b）］，按下急停开关［图D4（c）］。

图D3　按层门外呼按钮

（b）打开轿顶灯

（a）固定顶门器　　　　　　　　　　　（c）按下急停开关

图 D4　验证轿顶急停开关

注意：

1. 打开层门，放置顶门器，并锁紧层门。

2. 打开层门时，左手必须扶住层门外的固定部件，且右手按下急停开关。

3. 关闭层门时，动作不要太快，可用穿着工作鞋的脚顶在层门地坎中间，待层门间距剩下 10 mm 时，再双手关门。

第八步：关门后，按层门外呼按钮（图 D5）并等候 10 s，观察电梯，若电梯不动证明轿顶急停开关有效。

图 D5　按层门外呼按钮

四、检验轿顶检修开关的有效性

检验轿顶检修开关的有效性如图 D6 所示。

第九步：重新打开层门。

第十步：固定顶门器。

第十一步：扶稳并伸手开灯，然后按下检修开关。

第十二步：恢复急停开关。

第十三步：关门后，按下层门外呼按钮并等待 10 s，若电梯不动证明轿顶检修开关有效。

（a）打开层门

（b）固定顶门器

（c）按下检修开关

（d）恢复急停开关

（e）按下层门外呼按钮

图 D6　检验轿顶检修开关的有效性

五、在确保安全的情况下进入轿顶

第十四步：重新打开层门［图 D7（a）］。

第十五步：固定顶门器，如图 D7（b）所示。

（a）打开层门

（b）固定顶门器

图 D7　打开层门及固定顶门器

第十六步：扶稳并伸手进井道，打开轿顶灯，按下急停开关，如图 D8 所示。随后进入轿顶，进行维保操作。

图 D8　打开轿顶灯，按下急停开关

六、验证共通按钮及上行、下行按钮的有效性

操作检修功能如图 D9 所示。

第十七步：把急停开关恢复到运行状态。

第十八步：按单个下行按钮，电梯不动表示正常。

第十九步：按单个上行按钮，电梯不动表示正常。

第二十步：同时按共通按钮和下行按钮。

第二十一步：同时按共通按钮和上行按钮，若轿厢上行 200 mm 左右，证明按钮有效。

第二十二步：在确认一切正常后，可以在轿顶安全轿开展工作。在轿顶工作过程中必须确保电梯始终处于检修状态。

（a）恢复急停开关

（b）按下行按钮

（c）按上行按钮

（d）按共通按钮及下行按钮

（e）按共通按钮及上行按钮

（f）检修状态

图 D9 操作检修功能

进出轿顶程序——退出轿顶

一、验证层门门锁电气联动触点的有效性。

从非进入层退出前必须验证该层门门锁电气联动触点的有效性。

第一步：把轿厢运行到方便退出的层站之后，按下急停开关。

第二步：打开层门。

第三步：放置顶门器。

第四步：恢复急停。

第五步：同时按共通和下行按钮。若电梯不动，说明层门门锁电气联动触点正常。

第六步：同时按共通和上行按钮。若电梯不动，说明层门门锁电气联动触点正常。

第七步：验证层门门锁电气联动触点有效后，重新按下急停开关。

退出轿顶前的操作示意图如图 D10 所示。

（a）按下急停开关　　　　　　　　　（b）打开层门

（c）放置顶门器　　　　　　　　　（d）恢复急停按钮

（e）按共通和上行按钮　　　　　　　（f）按共通和下行按钮

图 D10　退出轿顶前的操作示意图

二、恢复电梯正常服务

安全退出井道，并以安全的方法恢复电梯正常服务。

第八步：打开层门，退出轿顶前，对外喊话警示"电梯即将开门，请勿靠近"，退出轿顶后，固定顶门器。

若在不同楼层进出，则需要验证退出所有楼层层门门锁电气联动触点的有效性，方法同上。

第九步：扶稳并伸手进入井道，熄轿顶灯。

第十步：检修恢复正常。

第十一步：急停开关恢复运行。

第十二步：取走顶门器并关门，让电梯恢复服务。

退出轿顶的操作示意图如图 D11 所示。

（a）固定顶门器

（b）熄轿顶灯

（c）恢复检修开关

（d）恢复急停开关

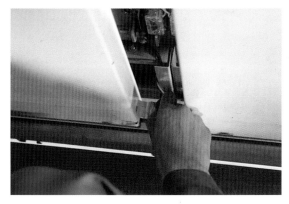
（e）取走顶门器

图 D11　退出轿顶的操作示意图

进入底坑程序

一、按上一层及顶层内呼按钮

第一步：从最低一层进入轿厢。

第二步：进入轿厢，按上一层及最高层内呼按钮，然后退出轿厢。

层站及内呼按钮如图 D12 所示。

（a）层站　　　　　　　　　（b）内呼按钮

图 D12　层站及内呼按钮

二、验证层门门锁电气联动触点的有效性

第三步：让电梯在上行时打开层门。

第四步：放置顶门器。

注意：电梯上行抓梯时，不要让电梯平层上一层。

第五步：放置顶门器时，须提防"八"字门造成顶门器间隙过小，导致门锁闭合的风险。

第六步：层门处于第五步的状态时，按层门外呼按钮并等候 10 s。若电梯不动，证明层门门锁电气联动触点有效。

验证层门门锁电气联动触点的有效性如图 D13 所示。

（a）打开层门　　　　　　　　　（b）放置顶门器

（c）固定顶门器　　　　　　　　（d）按外呼按钮

图 D13　验证层门门锁电气联动触点的有效性

三、验证电梯底坑上急停开关的有效性

第七步：重新打开层门，以标准的姿势顶住层门。

第八步：扶住墙壁，伸手进入井道，按上急停开关。

第九步：关门后，按层门外呼按钮并等候 10 s，若电梯不动，证明电梯底坑上急停开关有效。

验证电梯底杭上急停开关的有效性如图 D14 所示。

（a）打开层门放置顶门器　　　　　　（b）按上急停开关

（c）按外呼按钮

图 D14　验证电梯底杭上急停开关的有效性

四、验证电梯底坑下急停开关的有效性

第十步：重新打开层门。

第十一步：以标准的姿势拧紧顶门器以固定层门。

第十二步：沿爬梯进入底坑（攀爬时须保持三点接触）。

第十三步：按下下急停按钮。

第十四步：沿爬梯爬出底坑（攀爬时须保持三点接触）。

第十五步：关门后，按层门外呼按钮并等候 10 s。若电梯不动，证明电梯底坑下急停开关有效。

第十六步：重新打开层门。

第十七步：以标准姿势拧紧顶门器，固定层门。

第十八步：扶住墙壁，伸手进入井道，按上急停开关，重新将上急停开关设置为停止状态。

第十九步：沿爬梯进入底坑作业（攀爬时须保持三点接触）。

第二十步：在底坑作业时，将层门打开 10 cm，须提防"八"字门造成顶门器顶门间隙过小，闸锁出现闭合的风险。

验证电梯底坑下急停开关的有效性如图 D15 所示。

（a）打开层门

（b）放置顶门器

（c）爬入底坑

（d）按下下急停按钮

（e）爬出底坑

（f）按层门外呼按钮

（g）打开层门

（h）固定顶门器

（i）按上急停开关

（j）爬入底坑

（k）固定顶门器

图 D15　验证电梯底坑下急停开关的有效性

附录 E 彩 插

门导轨

门导轨

偏心轮与导轨之间的间隙d=0.5 m

连接挂板与门扇螺栓   偏心轮

图 E1 门扇的安装及调整

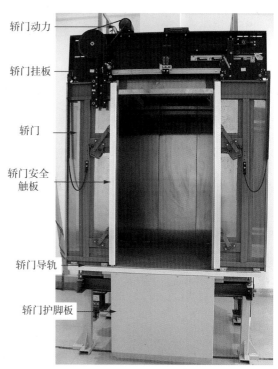

轿门动力

轿门挂板

轿门

轿门安全触板

轿门导轨

轿门护脚板

图 E2 中分式自动轿门实物

曳引钢丝绳

绳头组合

张力弹簧

调节螺母

保护插销

图 E3 曳引钢丝绳绳头装置

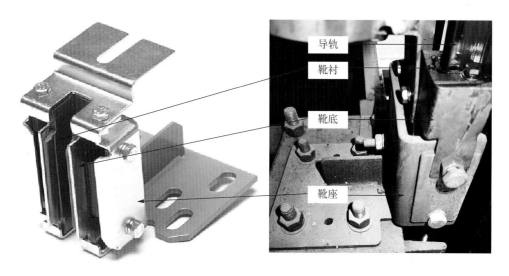

导轨

靴衬

靴底

靴座

图 E4 刚性滑动导靴实物

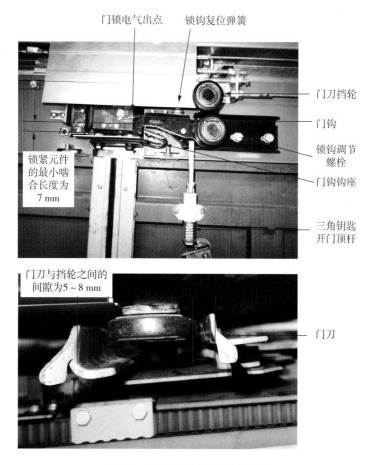

门锁电气出点 锁钩复位弹簧

门刀挡轮

门钩

锁钩调节螺栓

门钩钩座

锁紧元件的最小啮合长度为 7 mm

三角钥匙开门顶杆

门刀与挡轮之间的间隙为5～8 mm

门刀

图 E5 常见的撞击式机械门锁

曳引绳

对重块

对重导靴

对重架

对重导靴

对重压板

（a）对重系统底部　　　　　　　　　　　（b）对重系统顶部

图 E6　各部件安装位置

应变片传感器

图 E7　机房称重装置实物